高素质农民培训教材

淡水鱼常见疾病

防治技术

广西农业广播电视学校　组织编写

欧阳臣　甘　晖　主　编

广西科学技术出版社

图书在版编目（CIP）数据

淡水鱼常见疾病防治技术 / 欧阳臣，甘晖主编. —南宁：
广西科学技术出版社，2023.10
ISBN 978-7-5551-2000-1

Ⅰ. ①淡… Ⅱ. ①欧… ②甘… Ⅲ. ①淡水鱼类—鱼病—
防治 Ⅳ. ① S943.1

中国国家版本馆 CIP 数据核字（2023）第 141552 号

DANSHUIYU CHANGJIAN JIBING FANGZHI JISHU
淡水鱼常见疾病防治技术

欧阳臣　甘　晖　主编

责任编辑：黎志海　张　珂　　　　　　封面设计：梁　良
责任印制：韦文印　　　　　　　　　　责任校对：盘美辰

出 版 人：梁　志
出版发行：广西科学技术出版社　　　　社　　　址：广西南宁市东葛路66号
网　　址：http://www.gxkjs.com　　　邮政编码：530023

经　　销：全国各地新华书店
印　　刷：广西万泰印务有限公司
开　　本：787mm×1092mm　　1/16
字　　数：134千字　　　　　　　　　印　　张：7.5
版　　次：2023年10月第1版　　　　　印　　次：2023年10月第1次印刷
书　　号：ISBN 978-7-5551-2000- 1
定　　价：30.00元

前　言

随着水产养殖规模的不断扩大和养殖密度的增加，鱼类疾病的暴发日益频繁。掌握鱼病防治的知识与技术，控制鱼病的发生与流行，已成为广大养殖户的迫切愿望。

本书主要介绍我国南方地区常见淡水鱼养殖中暴发较多、危害较大的疾病，涉及病毒性疾病、细菌性疾病、真菌性疾病、寄生虫性疾病及其他类型的常见疾病，内容包括病原、症状、流行情况及防治方法、养殖环境与鱼病的关系、鱼病诊断及预防方法、水产养殖常用药物等。

为方便广大养殖户在生产实践中更好地学习与运用书中所提及的技术方法，本书在编写时力求做到实用性强、图文并茂、通俗易懂，为农民防治鱼病提供技术支撑。

本书的编写离不开广大水产从业者的大力支持，养殖一线的技术人员为本书提供部分鱼病图片，广西安桂水产养殖有限公司为本书提供相关技术指导，在此表示由衷地感谢！

由于编者水平和时间有限，书中难免存在疏漏与不足之处，敬请广大读者批评指正。

目录

第一章　环境与鱼病

　　鱼类生活在水中，水环境中的各种因素对鱼类有着不同的影响和刺激，当环境因素的影响和刺激超出鱼的耐受能力时，就会对鱼造成危害，危害加剧就会发展为疾病甚至导致鱼的死亡。

第一节　水质问题引起的鱼病

一、水温

　　各种鱼都有各自繁殖、生长的适宜水体温度（简称"水温"）及生存极限温度。鱼在适宜温度范围内可以正常生长发育，并且正常繁殖；在最适温度时生长速度最快，抵抗力最强。

　　水温问题引起的鱼病有冻伤、感冒，甚至会引起鱼类死亡。

　1. 冻伤

　　当水体温度降到一定程度后，鱼会出现皮肤坏死或脱落现象，甚至昏迷死亡。

　　预防措施：搭建温棚或保持养殖水位在1.5 m以上，配备完善的越冬条件。

　　处理措施：抗寒加温，操作时尽量避免机械损伤鱼体。

　2. 感冒

　　在换水、转池、运输时，如果水体温度突然变化很大，鱼就会难以适应而出现应激反应，如出现痉挛，侧游在水面，呼吸微弱，失去游动能力等，严重时可使鱼死亡。一般鱼种、成鱼要求水温突然变化不能超过5℃，苗种要求水温突然变化不能超过2℃。

　　预防措施：换水、补水、转池时注意调节水温，避免水温突然变化过大，以使鱼体逐渐适应温度改变。

　　处理措施：控制水温恒定，加注相近温度的新水，打开增氧机缓解应激反应。

　3. 致死

　　鱼在高于最高生存极限温度或低于最低生存极限温度的环境里就会死亡。

预防处理措施：控制池塘水温在鱼生存适宜温度范围内。

二、溶解氧

溶解氧是鱼生存的重要条件之一。不同养殖种类、不同年龄及不同季节对池水溶解氧的要求也各不相同。一般来说，在鱼主要生长期内，溶解氧正常应在 5 mg/L 以上（图 1-1）。水体溶解氧充足，鱼生长快、抵抗力强、饲料利用率高，溶解氧长期不足，鱼生长缓慢，体质瘦弱，抵抗力差，易生病。

溶解氧不足主要引起鱼浮头、泛塘和气泡病。

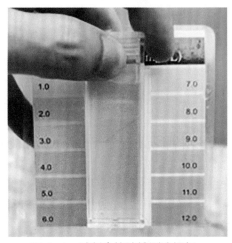

图 1-1　试剂盒快速检测溶解氧

三、酸碱度（pH 值）

酸碱度是鱼类养殖环境的一个重要指标，它对鱼的生长、发育和繁殖等有直接或间接的影响。不同种类的鱼有不同的适宜 pH 值范围，生长的适宜 pH 值为 6～9，最适生长的 pH 值为 7～8.5（图 1-2、图 1-3）。养殖环境的 pH 值小于 4.2 或大于 10.4，短时间内鱼就会死亡。

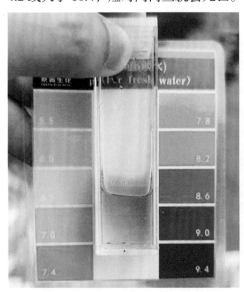

图 1-2　试剂盒快速检测 pH 值

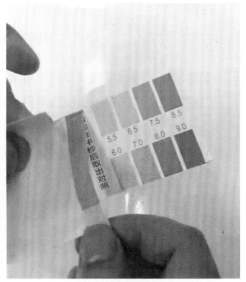

图 1-3　试纸测定 pH 值

不适宜的 pH 值主要引起鱼酸中毒（缺氧症）、碱中毒，甚至引起鱼死亡。

1. 酸中毒（缺氧症）

当养殖环境的 pH 值过低时，鱼体色明显发白，出现浮头现象，摄食很少，抵抗力差。这时池塘水透明度明显增加，水中有很多死藻。

处理措施：每亩（1 亩 ≈ 666.67 m²）使用生石灰浆 10 ～ 15 kg 全池泼洒。

2. 碱中毒

当养殖环境的 pH 值过高时，鱼狂游乱跳，身体产生大量黏液，鳃组织被腐蚀，造成窒息死亡。这时水中有很多死藻。pH 值过高，还会使孵化中的鱼卵卵膜早溶，引起胚胎过早出膜而死亡。

处理措施：换水，每亩加醋酸 500 mL，降低水体 pH 值。每亩使用 1 ～ 2 kg 腐植酸钠兑水泼洒，可暂时性适度抑制养殖水体中藻类等的光合作用，但用量不可过多。之后可以加入芽孢杆菌与过磷酸钙调节水体 pH 值。

另外，水体 pH 值过低或过高变化都可能会引起其他水质指标的变化，使水体毒性增强，引起鱼中毒。如水体 pH 值降低可使有毒的硫化氢增加，亚硝酸盐毒性也会增加；水体 pH 值过高又会使有毒的氨氮增加。

3. 氨氮

氨氮含量是水产养殖中需要密切关注的水质指标，养殖水体中的氨氮主要是水中的残饵、有机废物经细菌分解产生的。水中氨氮含量超标会导致鱼中毒甚至死亡。根据我国渔业水质要求，养殖水体氨氮的含量不得超过 0.2 mg/L（图 1-4）。

（1）慢性中毒：表现为鱼浮头，摄食量下降、摄食时间短，生长缓慢，组织损伤，鳃丝有血窦，不整齐，出现应激反应，引发多种疾病。

处理措施：加注新水，打开增氧机，

图 1-4　试剂盒快速检测氨氮含量

施用有效微生物群（EM 菌）或光合细菌等微生物制剂。

（2）急性中毒：鱼体色变浅，常表现为水面浮游，严重的甚至昏迷；鱼群游泳异常，呼吸急促，张口扩鳃，鳃组织被严重损害，鳃丝呈紫黑色，有时出现流血现象，鳍条舒展，基部出血，甚至造成鱼大批死亡。

处理措施：大量换水，打开增氧机，使用水质解毒保护剂、化学增氧剂、底质改良剂、食盐等。

4. 亚硝酸盐

应将养殖水的亚硝酸盐含量控制在 0.1 mg/L 以下（图 1-5），水中亚硝酸盐含量超标会对鱼类产生毒害作用。

（1）慢性亚硝酸盐中毒：亚硝酸盐含量为 0.1 ～ 0.5 mg/L 时，鱼呼吸困难，游动缓慢、摄食减少，骚动不安。

处理措施：泼撒沸石粉、活性炭。

（2）急性亚硝酸盐中毒：水中亚硝酸盐含量大于 0.5 mg/L 时，鱼血液变成巧克力色，鳃肿胀变褐色，表现出缺氧昏迷状态，出现窒息死亡现象。

处理措施：加水，泼洒增氧剂等。

5. 硫化氢

饵料残渣和粪便腐烂分解时会产生硫化氢，特别是在水体缺氧的情况下更

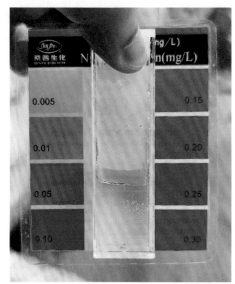

图 1-5　试剂盒快速检测亚硝酸盐

容易产生硫化氢。有时在池塘边能闻到一股臭鸡蛋味，这就是硫化氢的味道。硫化氢对鱼有着很强的直接毒害作用，同时又会大量消耗水中的溶解氧。

硫化氢含量为 0.1 ～ 0.2 mg/L 时，幼鱼生长受影响，需要定期泼洒水质改良剂，合理使用增氧机。

硫化氢含量大于 0.2 mg/L 时，养殖水发黑发臭，鱼鳃紫红色，鳃盖紧闭，胸鳍张开，血液呈巧克力色，鱼体失去光泽，漂浮在水面表层，甚至中毒死亡。

处理措施：使用氧化铁剂、双氧水（每亩泼洒 400 ～ 500 mL）等化学增氧剂，使用增氧机和换水等。

第二节　病原生物引发的鱼病

由病原生物引发的鱼病可大致分为病毒性鱼病、细菌性鱼病、真菌性鱼病、单细胞藻类鱼病、寄生虫类鱼病等五大类。

一、病毒性鱼病

病毒性鱼病没有特别理想的治疗方法，主要靠免疫预防控制此类鱼病的发生。常见的病毒性鱼病有草鱼出血病、痘疮病，鳜鱼暴发性传染病等。

二、细菌性鱼病

细菌性鱼病种类多、分布广、危害大、死亡率高，给生产造成很大损失。常见的细菌性鱼病有赤皮病、竖鳞病、白皮病、细菌性败血症、细菌性肠炎、细菌性烂鳃病等。

三、真菌性鱼病

真菌能寄生在多种鱼的苗种、成鱼及鱼卵上，吸收鱼体的营养物质。一般鱼体受伤、水温变化、水质恶化等容易引发真菌病。目前真菌性鱼病尚无十分有效的治疗方法，主要措施是进行早期预防和治疗。常见的真菌性鱼病有水霉病、鳃霉病、流行性溃疡综合征等。

四、单细胞藻类鱼病

单细胞藻类鱼病比较少见，如卵甲藻引起的鱼的卵甲藻病，又称打粉病。

五、寄生虫类鱼病

寄生虫寄生在鱼的身上，吸收消耗鱼体的营养，产生毒素，造成鱼体损伤，引发其他感染，严重影响鱼类的生长发育，甚至导致鱼类死亡。常见的寄生虫类鱼病有小瓜虫病、碘泡虫病、孢子虫病、车轮虫病、指环虫病、三代虫病、鲺病、锚头鳋病等。

第三节　管理不当引发的鱼病

一、苗种质量差

鱼的苗种质量直接影响养殖生产效益。苗种质量差导致鱼的成活率、生长速度、体质都会下降。

部分病原微生物可以通过卵子、精子传递，致使苗种先天性就带有此类病菌，当环境适宜病原微生物生长或鱼体抵抗力低下时就会产生疾病。因此良好的苗种是减少疾病暴发的关键，苗种不仅要通过活力和外观来评定，还要通过对苗种场整体进行判断，从而选择检疫合格的苗种。

二、用药不规范

鱼病防治用药不规范将会给鱼类养殖带来严重的危害，可能导致鱼中毒或死亡。

（1）清塘后残存的药物毒害。药物清塘后，毒性没有完全消失时就放入苗种，容易导致苗种中毒死亡。

（2）用药时间不当造成中毒或缺氧死鱼事故。如药物没有充分溶解，未溶解部分被鱼误食后致死；早晨池塘缺氧时施药导致部分体质较弱的鱼死亡；在夏季中午高温时施药，表层的水温很高，药物反应速度加快，毒性增加，容易引起鱼中毒死亡；阴雨天后使用杀菌药物容易引起缺氧和有毒有害物质浓度升高导致泛塘。

（3）药物剂量过大，药物毒性浓度过大容易造成鱼中毒或死亡。

（4）错误选择敏感药物或使用违禁药物，导致鱼中毒、致癌、致畸。

（5）长期乱用、滥用抗生素等药物导致细菌产生耐药性，最后导致鱼体发病后无药可治。

因此必须要健康养殖，合理使用药物，做到"对症用药，安全用药，适宜用药，合理用药，控制用药，有效用药"。

三、饲料质量差

饲料质量的好坏直接影响养殖鱼的健康。饲料的营养素过少、过多、变质都会导致鱼类生病，如饲料蛋白质含量过低、质量差或缺乏维生素及矿物质，会导致鱼类生长受阻，甚至体重减轻、体质变弱、抵抗力下降。饲料中蛋白质或碳水化合物含量过高，会诱发鱼类肝脏脂肪堆积，引发脂肪肝，严重时会引发肝脏机能衰竭致死。饲料氧化、发霉、变质直接损害鱼类肝脏，造成鱼类中毒甚至死亡，如饲料脂肪变质会引起鱼类贫血和肝病变。

四、养殖操作不当

养殖过程操作不当，造成鱼体机械损伤，水中细菌、霉菌会从伤口处感染鱼体致病。

五、敌害生物

肉食性鸟类、蛇、蛙、凶猛鱼类、水生昆虫直接吞食鱼或致鱼体受伤。青泥苔和水网藻在池塘中大量繁殖，危害极大，既消耗池水中的养料，影响苗种的生长，又常缠住苗种致其不能活动觅食，直至死亡。因此要在放鱼苗之前彻底清塘，以避免敌害生物带来的损害。

第二章　鱼病诊断方法

养鱼要养成定期检查的习惯，及早发现疾病苗头，预防疾病发生。定期抽检鱼体表、体形是否正常，镜检鳃丝、鳍条、黏液是否有寄生虫，剖检腹腔是否有寄生虫或肝脏病变等。

对已发病的塘口，新鲜样本对鱼病的准确诊断十分重要。因此，应选择病情较重、症状典型的濒死病鱼作为诊断检查样本；对于不能在现场确诊的疾病，应采取冷藏（4℃）运输方法将病鱼新鲜样本运输至专业实验室进行检查。鱼体检查的一般程序是先检查鱼体的外部，再检查内部；先目检，再镜检。

第一节　目　检

一、体表检查

观察鱼体的体形、体色、体表（图2-1）。

体形：是否畸形
体色：是否异常

鳞片：是否异常或脱落

鳍条：是否破裂、发红

眼球：颜色、形状是否异常

唇部：是否异常

体表：黏液是否增多；是否出血、充血、发炎、脓肿、溃疡，是否有异常斑纹；是否有大的寄生虫、水霉、水泡

腹部：是否膨胀

肛门：是否红肿或连带粪便

图2-1　鱼体体表检查

二、口腔及鳃部检查

检查鱼体的吻部、鳃盖等。

鳃盖：是否异常

鳃：剪去鳃盖，观察鳃的颜色是否异常；鳃丝是否肿大、缺损或腐烂；黏液是否增多；鳃上是否有异物、寄生虫

吻部：是否异常

口腔：是否充血、溃烂

图2-2　口腔及鳃部检查

三、内脏器官检查

将鱼体左侧腹壁剪去，检查腹腔内有没有腹水、寄生虫；将内脏器官分开，注意不要剪破，检查内脏器官、组织有没有出血、充血，各个内脏颜色、形状有没有异常，有没有瘀血、肿大、损伤或生成结节等；将肠道剪开，检查里面有没有食物，肠壁有没有充血、白点、寄生虫等（图2-3）。

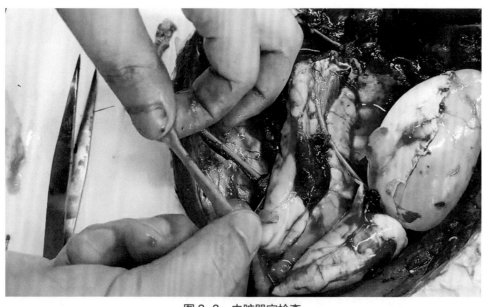

图2-3　内脏器官检查

第二节 显微镜检查

病原微生物用肉眼看不清楚，需要用显微镜检查，即镜检。

镜检方法：取需要检查的部位（病灶）的少量物质放在载玻片上，加 1 ~ 2 滴清水，盖上盖玻片，轻轻压平，放在显微镜上观察。如果取的是内脏器官上的黏液或组织，则需要滴加生理盐水。

一、黏液

刮取体表少量黏液进行镜检（图 2-4）。

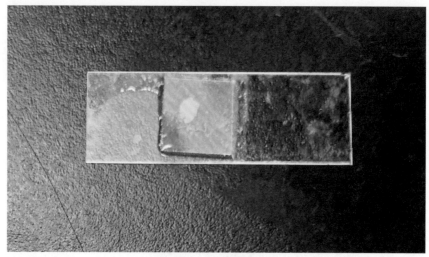

图 2-4 镜检黏液

二、鳍条

打开鱼鳍，剪取少量鳍条进行镜检（图 2-5）。

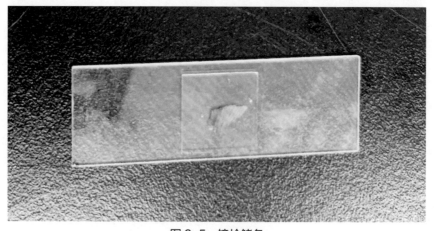

图 2-5 镜检鳍条

三、鳃丝

剪取少量鳃丝进行镜检（图2-6）。

图2-6　镜检鳃丝

四、内脏

剪开各内脏器官，从内部取少量组织及内容物进行镜检，如刮取肠道黏液或剪取少量肠道组织滴加生理盐水进行镜检（图2-7）。

图2-7　镜检肠壁

五、其他部位

（1）眼的镜检：挖出鱼的眼球，剪开眼睛，取眼内组织进行镜检。

（2）脑的镜检：剪开鱼的头盖骨，暴露鱼脑组织，取脑周围的液体进行镜检；完整取出脑部，先观察脑部有没有异样，再剪取少量脑组织进行镜检。

（3）肌肉的镜检：剥去鱼的皮肤，观察肌肉是否有异样；剪开肌肉，分别剪取前、中、后段少量肌肉组织进行镜检。

（4）血液的镜检：取少量鱼的血液进行镜检。

第三章　鱼病基本预防方法

第一节　正确的消毒方法

一、池塘消毒

清除池塘底部过多的淤泥后，施用药物杀灭影响苗种生存生长的各种病菌及敌害生物。清塘消毒方法可参照表 3-1。

表 3-1　清塘消毒方法

药物		施用方法（亩）
生石灰清塘	干法清塘（图 3-1）	将池水基本排干，留水深 5 ～ 10 cm，在塘底挖掘几个小坑，每亩用生石灰 60 ～ 75 kg，并视塘底淤泥的量增减 10% 左右。将生石灰放入坑内，加水溶化，不等冷却，即向池中均匀泼洒。第二天用铁耙耙动塘泥，使石灰浆与淤泥混匀。10 天左右药力消失后即可灌水放鱼
	带水清塘	不排出池水，将刚溶化的石灰浆或生石灰粉全池泼洒，每米水深用 125 ～ 150 kg。10 天左右药力消失后即可放鱼
茶麸清塘		将茶麸放在容器中用水浸泡一昼夜，施用时再加水稀释，均匀地泼洒全池。每米水深用 40 ～ 50 kg。5 天左右药力消失后即可放鱼

图 3-1　生石灰干法清塘

二、水体消毒

在病害高发季节可定期使用二氧化氯、强氯精、聚维酮碘、苯扎溴铵、戊二醛等消毒剂进行消毒，具体用法用量参照产品说明书。

三、工具消毒

渔具在交叉使用时要进行消毒，避免交叉感染，在鱼病高发季节也要经常消毒，消毒可使用含氯消毒剂。

四、苗种消毒

在苗种下塘前，使用 3% 食盐水浸浴 5～10 分钟、20～30 mg/L 聚维酮碘浸浴 10～20 分钟、5～10 mg/L 高锰酸钾浸浴 5～10 分钟进行苗种消毒，可有效减少细菌性鱼病和寄生虫类鱼病的发生（消毒期间要注意观察苗种的耐受力，当苗种出现异常表现时要及时捞出）。

第二节　正确的用药方法

一、药要对症、药量准确

切不可盲目用药和胡乱用药，泼洒类药物要按照水体体积计算使用；内服药物要按照鱼体重量和饲料用量计算使用。药量过大会导致鱼中毒，药量不足不仅起不到效果还会导致鱼产生耐药性。

二、注意药物之间相互作用

要注意药物之间的相互作用，如生石灰和漂白粉混用会因酸碱中和而降低药效、生石灰和敌百虫混用会产生剧毒等。要了解药物的理化特性，不同的水温、pH 值等指标会对药物的药效产生不同影响。

三、空腹喂药

投喂内服药物前要停止喂食 1 天，使鱼空腹以便鱼更好摄食药物，避免因鱼不摄食药物造成治疗效果不佳。

四、均匀泼洒药液

泼洒用药时注意溶化稀释后全池均匀泼洒，避免因局部浓度过高或鱼误食而导致死亡。

第三节　正确的投饲方法

一、四定投饲原则

四定投饲原则即"定质、定量、定时、定位"。

（1）定质：注意选择具有适宜营养含量的饲料投喂，保证生产效益。饲料适宜营养含量是随着鱼的个体大小、年龄和平均水温而变动的。鱼是变温动物，在水温较低时生长很慢或不生长，但为了保持其机体代谢活动的消耗，在低温时还需要投喂。因此，需要有各种营养水平的配合饲料相应地供给投喂。在适宜生长水温中投喂的饲料蛋白质含量相应高些。相反，在水温较低时，投喂的饲料营养水平相应低些，这样可节省养鱼成本。

（2）定量：日投饲量要适量。鱼的日投饲量是否适量，直接关系到能否提高饲料利用率和降低养鱼成本。投喂量不足时，鱼常处于半饥饿状态而不生长，若摄入的营养不能维持机体活动需要时还会减重，同样会造成饲料的浪费而增加成本。投喂量不足还会引起鱼激烈抢食，导致在收获时鱼的个体大小差异大。投喂过量，不但饲料利用率低，而且影响水质，严重时会引起鱼生病或发生泛塘事故。此外，鱼摄食过饱，饲料消化不彻底，也是造成饲料的浪费。

（3）定时和定点：投喂的时间和地点要固定。鱼经投喂训养后，就会形成一种习惯，会按时到投喂点觅食。因此，饲养的鱼在适宜生长时间里，要每天在一定的时间和地点对其进行投喂，以便于鱼集中摄食。如果投喂不定时，位置不固定，会影响鱼集中摄食，这样会造成投喂的饲料溶失于水中。此外，投喂点应设在较安静平坦的地方为宜，但投喂点的数量和大小要充分考虑使所有的鱼都能吃到饲料。

二、正确投喂

饲料的投喂要按照鱼类的生长规律进行，水温高、生长速度快的季节应增加投喂，水温低的季节应减少投喂；水质良好、天气适宜、鱼体健康时可增加投喂，水质恶化、天气不好、鱼体患病时应减少投喂量甚至停喂。

三、投饲量计算

测量鱼存塘数，乘以不同水温下的日投饲率，是计算日投饲量最常用的计算方法。即日投饲量 = 存塘鱼总重量 × 日投饲率。

水温 15 ～ 20℃时，日投饲量为鱼体重的 1% ～ 3%；水温在 20℃以上时，日投饲量为鱼体重的 3% ～ 5%。但要注意不同鱼的种类、规格、水温以及不同的养殖方式下，鱼的投饲率是不相同的。

采用此法，需定期抽样求得存塘鱼总重量后，才可计算出日投饲量。

在正常情况下，如果投饲时鱼抢食明显，20 分钟后饵料台无剩饵，说明投饲量偏少；如果投饲 30 分钟后饵料台尚有较多剩饵，而鱼已经不再争食，则说明投饲量偏大；如果刚开始投饲，鱼就不积极摄食，说明上一次投饲过量或两次投饲时间间隔太短。这时就不能完全按照投饲量的计算结果来投饲，而应该适当地增加或减少投饲量，根据观察到的鱼摄食的具体情况灵活操作。

四、药饵配置

（1）根据养殖对象的食性选择配制药饵的饲料。用来配制药饵的饲料必须为患病鱼所喜食的饲料，要有良好的适口性，且在水中要有足够的稳定性，保证其能够被鱼摄食。

（2）根据饲料和药物的不同特性，采取相应的方式进行药饵配制。溶解性不好的固体状药物或者黏性不好的饲料，需要使用黏合剂使药物与饲料进行充分黏合，常用的黏合剂有面粉、大麦粉、玉米粉、甘薯粉等，用开水搅拌烫黏，冷却后加入药粉拌匀，再与饲料充分拌匀，晾晒干后即可投喂。水溶性较好的固体状药物，可将其研磨成粉末，用一定量的水溶解后，均匀喷洒在干燥的饲料上，拌匀，使药物均匀地吸附在饲料中，晾晒干后即可投喂；水溶性较好的液体药物，拌入饲料前用一定量的水进行稀释，均匀喷洒在干燥的饲料上，充分拌匀、晾晒干后即可投喂。对于一些药味较大的内服药，制作药饵时可加入一些鱼粉或诱食剂以增加药饵的适口性。

很多时候用药没能达到理想效果的原因在于药饵没配制好，以下以最常用的商品黏合剂为例示范药饵的配置方法。

①黏合剂和药物都需要用水溶解，水的使用量为饲料重量的4%～5%。

②先把黏合剂倒入盆中（每0.5 kg饲料加1 g黏合剂）（图3-2），再加入清水（饲料重量的2%～2.5%）（图3-3），将黏合剂溶解成银耳羹状。往黏合剂里加水时应一点一点地加，避免引起结块。

图3-2　倒入黏合剂

图 3-3　倒水溶解黏合剂

③拿另一个盆把需要拌料的药品加水稀释（图 3-4）。

图 3-4　倒入药品

④把以上两盆拌好的溶液混合均匀（图 3-5），倒入饲料中搅拌均匀（图 3-6），在阴凉处放置 15 分钟左右即可进行投喂。

图 3-5　两盆拌好的溶液混合

图 3-6　倒入饲料中搅拌混合均匀

（3）准确计算药物的使用量。算出所需药饵防治的鱼类等养殖对象的总重量，根据单位鱼体重的吃食量计算出所需的饲料总量，再根据药物的使用说明计算出所需的药物量；药饵投入水中后会有一定的药物流失，配置药饵时可多加入 2%～3% 的药量，每天集中在一餐投饲当日所用药物。

第四节 苗种选择与投放

一、苗种选择

优质的苗种是养殖成功的基础。优质苗种，群体颜色一致，没有白色死苗，身体洁净；劣质苗种称为花色苗，群体颜色不一致，有白色死苗，有的鱼苗身体拖带污泥。在容器内，搅动水产生漩涡，优质苗种在漩涡边缘逆水游泳（图3-7）；劣质苗种大部分被卷入漩涡（图3-8）。倒掉水后，优质苗种在盆底剧烈挣扎，头部弯曲呈圆圈状；劣质苗种在盆底挣扎力弱，头部只能扭动。

图3-7 逆水游泳的优质苗种

图3-8 被卷入漩涡随水流动的劣质苗种

二、苗种投放

苗种投放是一项十分细致的工作，需要按照步骤精心操作。

（1）苗种下塘前一定要检查清塘的药物毒力是否消失，除测量水体 pH 值、溶解氧、氨氮、亚硝酸盐等水质指标是否正常外，还应用少量苗种进行试水，看苗种在水中是否正常：可以在池塘里放置小网箱并放入苗种（图3-9），或是取半桶池水，将苗种放入桶中，观察 1～2 天，看是否正常，以确定苗种能否入池。

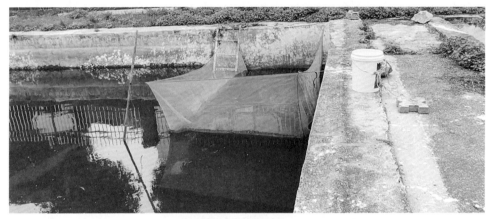

图3-9　池塘里放置小网箱并放入苗种进行试水

（2）苗种下塘时，要求运输水温与池塘水温温差不超过2℃。如果水温相差过大，就应先逐渐调整温差，苗种适应后再缓慢倒入池塘（图3-10）。

（3）苗种下塘前要做好消毒工作（具体操作参照苗种消毒）。

（4）在拉网、运输、下塘时操作时要轻柔，应避免造成鱼体机械损伤，否则极易造成疾病的暴发。

图3-10　苗种缓慢入塘

第五节　保持良好的水质

养殖水体是鱼类赖以生存的环境，水质恶化将会严重影响鱼的抵抗力，导致疾病暴发。良好的水质主要与池塘建设与管理、水质日常检测与调控、池塘水深管理等方面有关。

一、池塘建设与管理

养殖池塘的建设要按有利于鱼的生长、有利于饲养管理和捕捞方便的原则进行设计，具体标准见表3-2。

表3-2　养殖池塘建设标准

序号	标准要求
1	有良好的水源，排注水方便，有独立的进水口、排水口
2	池塘呈长方形，东西走向，长宽比为2∶1或3∶1
3	池堤牢固，土质好，不漏水
4	池底平坦，有适量淤泥
5	池塘向阳，光照充足，四周没有高大的树林和建筑物

二、水质日常检测与调控

水质日常检测与调控见表3-3。

表3-3　水质检测与调控操作方法

水质指标	正常标准	指标异常处理方法
溶解氧	保持5 mg/L以上，不可低于3 mg/L	（1）使用增氧机增氧 （2）加注溶氧量高的新水 （3）全池泼洒化学增氧剂，如过碳酸钠、过氧化钙等
pH值	以7～8.5为宜	pH值过高： （1）换水，放掉部分老水，加注pH值低的新水 （2）有机酸或乳酸菌全池泼洒 （3）用腐植酸钠遮光，降低光合作用 pH值过低： （1）用石灰浆全池泼洒 （2）适当肥水，提升光合作用
氨氮	以小于0.5 mg/L为宜	（1）换水，放掉部分老水，加注新水 （2）泼洒沸石粉，让其吸附有害气体与有毒物质 （3）泼洒光合细菌、EM菌、芽孢杆菌等微生物制剂，改善水质 （4）使用过碳酸钠、过硫酸氢钾改善池塘底质 （5）减少饲料投喂
亚硝酸盐	以小于0.2 mg/L为宜	同氨氮处理方法

三、池塘水深管理

池塘水深管理方法如表 3-4 所示。

表 3-4　池塘水深管理方法

季节	池塘水深（m）	作用
春	1	春季天气回暖，降低水位有利于提高水温，利于鱼的生长
夏	2	夏季气温高，提高水位有利于防止水温过高，减少鱼病暴发和氨氮中毒
秋	2	秋季早晚气温变化大，提高水位有利于防止水温波动过大
冬	2	冬季气温低，提高水位可减缓水温降低，有利于鱼的越冬

第四章 常见淡水养殖鱼类疾病防治

本章各类疾病的用药剂量仅供参考，具体用量应根据药品规格（含量）及说明书指导使用；治疗细菌性疾病所用的抗生素仅供参考，有条件者最好根据药敏试验结果针对性地用药。

第一节 草鱼常见疾病

一、草鱼出血病

1. 病原体

病原体为草鱼呼肠孤病毒，属呼肠孤病毒科水生呼肠孤病毒属。

2. 主要诊断症状

病鱼各器官、组织有不同程度的充血、出血；体色暗黑，小的鱼种在阳光或灯光透视下，可见皮下肌肉充血、出血，病鱼的口腔上下颌、头顶部、眼眶周围、鳃盖、鳃及鳍条基部都充血，有时眼球突出，剥除病鱼的皮肤，可见肌肉呈点状或块状充血、出血，严重时全身肌肉呈鲜红色，肠壁充血，但仍具韧性，肠内无食物，肠系膜及周围脂肪、鳔、胆囊、肝、脾、肾也有出血点或血丝。上述症状并非全部同时出现，按其症状表现和病理变化的差异，大致可分为以下3个类型，可同时出现，亦可交替出现。

（1）红肌肉型：病鱼外表无明显的出血或仅表现轻微出血，但肌肉明显充血，有的表现为全身肌肉充血（图4-1），有的表现为斑点状充血。鳃瓣往往严重贫血，出现白鳃症状。这种类型一般在体型较小的草鱼种，也就是规格在 7～10 cm 的草鱼种中比较常见。

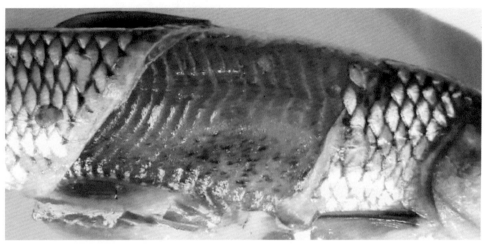

图4-1　草鱼出血病（红肌肉型症状）

（2）红鳍红鳃盖型：病鱼的鳃盖、鳍条、头顶、口腔、眼腔等表现明显充血（图4-2），有时鳞片下也有充血，但肌肉充血不明显或仅局部表现为点状充血，这种类型一般在体型较大的草鱼种，也就是规格在13 cm以上的草鱼种中较常见。

图4-2　草鱼出血病（红鳍红鳃盖型症状）

（3）肠炎型：病鱼体表和肌肉充血现象不太明显，但肠道严重充血，肠道全部或部分呈鲜红色，肠系膜、脂肪、鳔壁有时有点状充血（图4-3）。这种症状在各种体型的鱼种中都可遇见。注意与细菌性肠炎区别，活检时，草鱼出血病的肠壁弹性较好，肠腔内黏液较少；细菌性肠炎的肠壁弹性较差，肠腔内黏液较多（图4-4）。

肠道出血

图4-3　草鱼出血病（肠炎型）症状

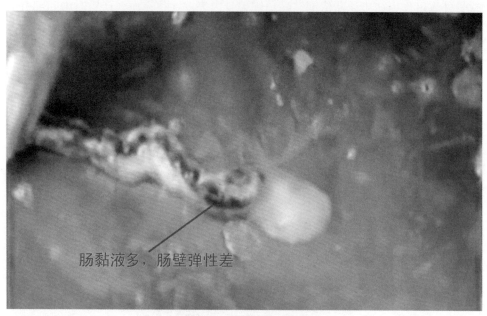

肠黏液多，肠壁弹性差

图4-4　细菌性肠炎症状

3. 流行特点

主要危害体长2.5～15 cm的草鱼鱼种，死亡率可达70%～80%，2龄以上的草鱼较少发病。主要发生在 4 ～ 10 月、水温 20 ～ 30℃的季节，以水温 25 ～ 28℃时最为流行。

4. 防治方法

目前尚无理想的治疗方法，最有效的控制措施是注射草鱼出血病疫苗，同时做好预防工作。

（1）做好池塘及水源的消毒。

（2）从正规渠道引进抗病力强的鱼种或已注射疫苗的鱼种。

（3）保持良好的养殖环境，提升鱼的抵抗力。

二、草鱼老三病

1. 病原体

草鱼的烂鳃病、赤皮病、细菌性肠炎合称"草鱼老三病"。烂鳃病病原体为柱状黄杆菌，赤皮病病原体为荧光假单胞菌，细菌性肠炎病原体为嗜水气单胞菌、豚鼠气单胞菌、肠型点状气单胞菌等，皆为革兰氏阴性菌。

2. 主要诊断症状

（1）烂鳃病：病鱼鳃丝肿胀、黏液增多、鳃丝末端腐烂缺损（图 4-5），软骨外露可作为初步诊断依据。病鱼鳃盖骨内表皮往往充血，严重时中间部分的表皮常腐蚀成一个不规则的圆形透明区域，俗称"开天窗"（图 4-6），但要注意用显微镜检查是否有寄生虫以排除是由寄生虫引起的鳃病。

鳃丝末端腐烂缺损

图 4-5 草鱼烂鳃病症状

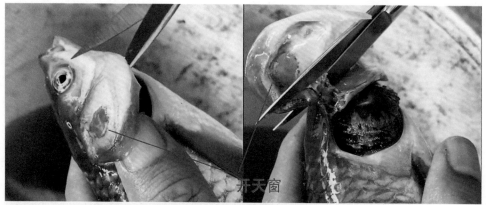

图 4-6　草鱼烂鳃病导致"开天窗"

（2）赤皮病：病鱼常有受伤史，体表局部或大面积出血发炎，鳞片脱落，鱼体两侧和腹部最为明显（图 4-7）。鳍充血，尾部烂掉，形成蛀鳍。上下颚及鳃盖部分充血，呈块状红斑。在鳞片脱离和鳍条腐烂处往往出现水霉寄生，会加重病势。

图 4-7　草鱼赤皮病症状

（3）细菌性肠炎：发病早期，刨开鱼腹，可见病鱼肠壁充血发红、肿胀发炎（图 4-8），肠腔内没有食物或只在肠的后段有少量食物，肠内有较多黄色或黄红色黏液。发病后期，刨开病鱼鱼腹可见全肠充血发炎，肠壁呈红色或紫红色，轻压腹部，有黄色黏液或脓血从肛门流出。

全肠充血发炎

图4-8　草鱼细菌性肠炎症状

3. 流行特点

（1）烂鳃病：流行于4～10月、水温15～35℃，夏季最为流行，水温越高致死时间越短。常和赤皮病、细菌性肠炎病并发。

（2）赤皮病：一年四季均可流行，在捕捞、运输过程中鱼体受伤后容易流行，多发生于2～3龄大鱼，常和烂鳃病、细菌性肠炎并发。

（3）细菌性肠炎：从鱼种至成鱼都可发病，流行水温为18℃以上，25～30℃时为流行高峰期，当水质恶化、鱼体抵抗力下降时易导致疾病暴发，常和烂鳃病、赤皮病并发。

4. 防治方法

（1）避免在运输、拉网等操作过程中擦伤鱼体，同时也避免被寄生虫寄生而损伤鱼体。

（2）外用：聚维酮碘用水稀释后全池泼洒，每立方米水体用药0.1 mL。作为治疗用时，隔日1次，连用2～3次；作为预防用时，在疾病高发季节每隔7日1次。

（3）内服：恩诺沙星（建议根据药敏结果针对性用药），每千克鱼体重用药200～400 mg，连用5～7日；肝胆利康散，每千克鱼体重用药0.1 g，连用10日；水产用多种维生素，每200～250 kg饲料加500 g，连用3～5日。

三、白头白嘴病

1. 病原体

白头白嘴病是一种细菌性疾病，病原体主要为黏球菌，为革兰氏阴性菌。

2. 主要诊断症状

病鱼自吻端至眼球的皮肤溃烂，口张闭失灵而造成呼吸困难，表现为白头白嘴症状（图4-9、图4-10）。病鱼表现精神沉郁，反应迟钝，离群独游。随着病程的发展，病变部位症状逐渐加重，病鱼的眼、鳃、口腔、体表等部位的表皮组织出现白色絮状物。

图4-9　鱼种白头白嘴病症状

图4-10　白头白嘴病症状

3. 流行特点

该病对于夏花鱼种影响较严重，主要因为夏花鱼种个体在发育期间免疫系统发育不完全，这个时期的鱼体表容易受伤，因此幼鱼较易感病。

4. 防治方法

（1）放鱼前要彻底清整池塘与消毒，降低病原菌含量。

（2）鱼种投放前用 3% 食盐水浸浴 5～10 分钟。

（3）外用：聚维酮碘，用水稀释后全池泼洒，每立方米水体用药 0.1 mL。

（4）内服：水产用多种维生素，拌料投喂，每千克饲料添加 1～3 g。

四、水霉病

1. 病原体

病原体为水霉属和棉霉属真菌，菌丝为管形无横隔的多核体，一端附着在水生动物的损伤处，另一端伸出体外，形成肉眼可见的灰白色棉絮状物。

2. 主要诊断症状

根据体表上肉眼可见的灰白色棉毛絮状物（图 4-11）即可初步诊断。

图 4-11　水霉病症状

3. 流行特点

该病感染对象没有选择性，可危害不同的水产动物，还可感染鱼卵。水霉病原体在淡水中广泛存在，对水温适应范围广，5～26℃均可生长繁殖，最适水温为 13～18℃，在鱼体表受伤时最易暴发该病，体表完整、体质强壮的个体一般不会发病。

4. 防治方法

（1）避免在运输、拉网等操作中擦伤鱼体，避免被寄生虫寄生而损伤鱼体，苗种入池前用 3% 食盐水浸浴 5～10 分钟。

（2）使用五倍子末拌料投喂，每千克体重用药 0.1～0.2 g，每日 3 次，连用 5～7 日；泼洒鱼塘，每立方米水体用药 0.3 g，每日 1 次，连用 2 日。

（3）使用硫醚沙星防治，每亩 1 米水深用 80～100 mL，加水稀释后均匀泼洒，连用 2 日。

五、车轮虫病

1. 病原体

病原体为车轮虫，虫体侧面观如毡帽状，运动时如车轮转动样。

2. 主要诊断症状

车轮虫主要寄生在鱼的鳃、皮肤、鼻孔、膀胱和输尿管等处，寄生数量少时，宿主鱼症状不明显，大量寄生时会刺激鳃丝大量分泌黏液（图4-12），严重时会导致鳃丝分叉（图4-13）。低倍显微镜下1个视野可观察到30个以上虫体（图4-14），小鱼感染会有跑马症状，应及时治疗。

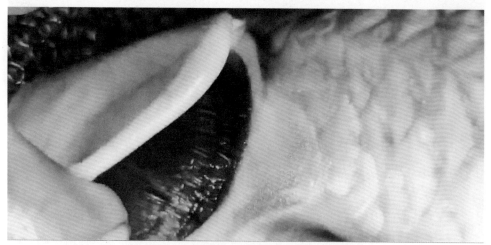

图4-12 车轮虫寄生导致鳃丝大量分泌黏液

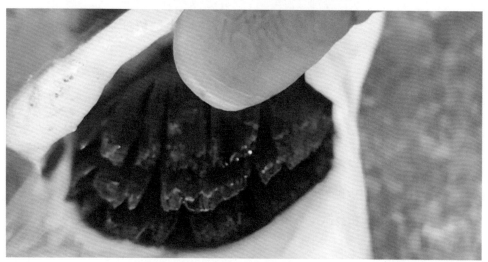

图4-13 车轮虫寄生导致鳃丝分叉

图 4-14　显微镜下可见鳃丝大量寄生车轮虫

3. 流行特点

流行于 4 ～ 7 月，以夏秋季最为流行，流行水温为 20 ～ 28℃，水质环境恶化时车轮虫往往会大量繁殖。

4. 防治方法

（1）放苗前用生石灰彻底清塘，杀灭虫体虫卵。

（2）雷丸槟榔散防治，每千克鱼体重每次使用 0.3 ～ 0.5 g，拌饵投喂，隔日 1 次，连用 2 ～ 3 次。

（3）硫酸铜、硫酸亚铁粉（5∶2）按 0.7 mg/L 的浓度全池泼撒，每日 1 次，连用 2 ～ 3 次。

六、小瓜虫病

1. 病原体

病原体为多子小瓜虫，广泛寄生于各类淡水鱼的鳃和皮肤，生活史分成虫期、幼虫期和包囊期，成虫卵圆形或球形，胞内可见马蹄形细胞核。

2. 主要诊断症状

病鱼主要寄生于皮肤和鳃，身上布满小白点（图 4-15、图 4-16），将有小白点的鳍或鳃剪下，在显微镜下检查，可见球形滋养体，胞质中可见马蹄形细胞核（图 4-17）。

图4-15　病鱼身上布满白色小点

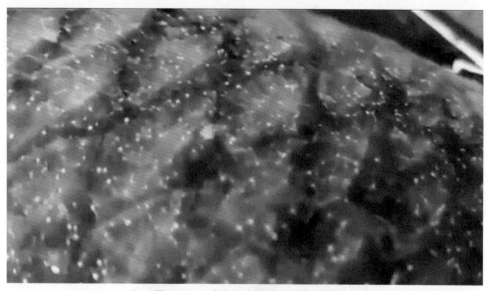

图4-16　病鱼体表密密麻麻的白点

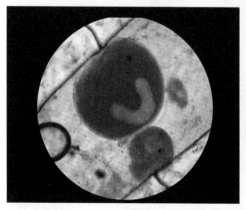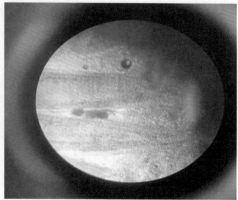

图4-17　显微镜下可见病鱼鳃丝寄生小瓜虫

3. 流行特点

该病广泛流行于各类淡水鱼类，对宿主没有选择性，尤以鱼苗、鱼种受害最重，适合繁殖的水温为 15 ～ 25℃，其余水温侵袭力明显减弱。

4. 防治方法

（1）放苗前用生石灰彻底清塘，杀灭虫体虫卵。

（2）鱼种下塘前进行抽样检查，如发现有小瓜虫，用 3% 食盐水浸浴 15 ～ 20 分钟后投放。

（3）桉树精油类产品直接全池泼洒，第一次使用后间隔 2 日再用 1 次，每半个月重复 1 次，由于幼虫孵化时间通常在夜间，故夜间用药效果更好；也可用水溶化喷洒于鱼料表面，拌饵内服。

七、斜管虫病

1. 病原体

病原体为斜管虫，虫体腹面观卵圆形，后端稍凹入。侧面观背面隆起，腹面平坦。

2. 主要诊断症状

斜管虫寄生于淡水鱼体表及鳃上，少量寄生时对鱼危害不大，症状不明显，大量寄生时可引起鱼皮肤及鳃产生大量黏液（图 4-18、图 4-19），体表形成苍白色或淡蓝色的黏液层，尤其是鱼苗、鱼种阶段特别严重。将鳃剪下，在显微镜下检查看到大量斜管虫体即可诊断（图 4-20）。

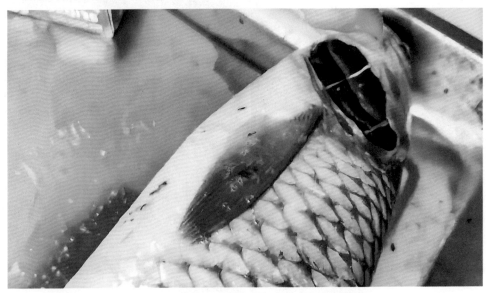

图 4-18　斜管虫病引起病鱼皮肤产生大量黏液

图 4-19 斜管虫病引起病鱼鱼鳃产生大量黏液

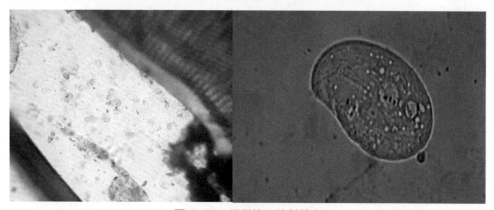

图 4-20 显微镜下的斜管虫

3. 流行特点

全国各地都可发生，主要危害鱼苗、鱼种，流行于春秋季，当水质恶劣、鱼体衰弱时容易发病。

4. 防治方法

（1）放苗前用生石灰彻底清塘，杀灭虫体虫卵。

（2）硫酸铜、硫酸亚铁粉（5∶2）按 0.7 mg/L 的浓度全池泼撒，每日 1 次，连用 2～3 日。

八、指环虫病

1. 病原体

病原体主要为页形指环虫，具有 4 个眼点、2 对头器，后固着器具有 7 对边缘小钩、1 对中央大钩。

2. 主要诊断症状

指环虫大量寄生时，可引起病鱼鳃丝肿胀，呈花鳃状，鳃丝黏液增多，全部或部分苍白色，鳃盖难闭合，呼吸困难。用显微镜检查鱼鳃压片，在低倍镜下每个视野有 5～10 头指环虫时即可确诊指环虫病（图 4-21、图 4-22）。

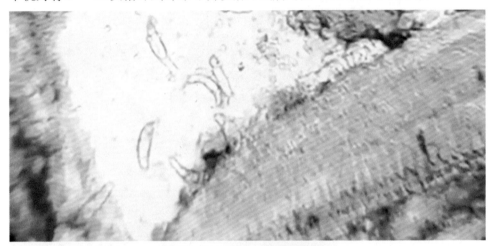

图 4-21　显微镜下鱼鳃的指环虫

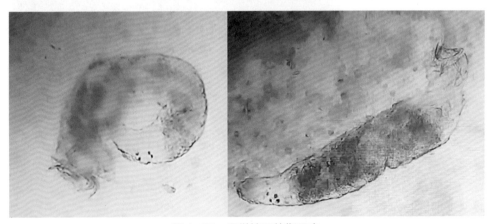

图 4-22　显微镜下的指环虫

3. 流行特点

指环虫对宿主有较强的选择性，尤以鱼种最易感染，大量寄生可使苗种大批死亡，指环虫适宜繁殖水温为 20～25℃，因此指环虫病多流行于春末夏初。

4. 防治方法

（1）放苗前用生石灰彻底清塘，杀灭虫体虫卵。

（2）鱼种投放前，用 5 mg/L 精制敌百虫粉水溶液浸浴 15 ～ 30 分钟。

（3）甲苯咪唑溶液防治，每立方米水体用药 0.1 ～ 0.15 g，加水 2000 倍稀释均匀后泼洒，连用 5 日。

（4）精制敌百虫粉防治，每立方米水体用药 0.25 ～ 0.56 g，苗种用量减半，用水充分溶解后均匀泼洒。

九、绦虫病

1. 病原体

病原体主要为九江头槽绦虫和马口头槽绦虫，虫体带状，体长 20 ～ 250 mm，头节有 1 个明显的顶盘和 2 条较深的吸沟。

2. 主要诊断症状

绦虫寄生于肠道内（图 4-23），严重感染的草鱼体重减轻，身体瘦弱，体表黑色素增加，离群至水面，口常张开，伴有恶性贫血。严重寄生时鱼肠前段第一盘曲膨大成胃囊状，直径比正常增大约 3 倍。纵向剪开肠道扩张部位，可见到白色带状绦虫即可确诊（图 4-24、4-25）。

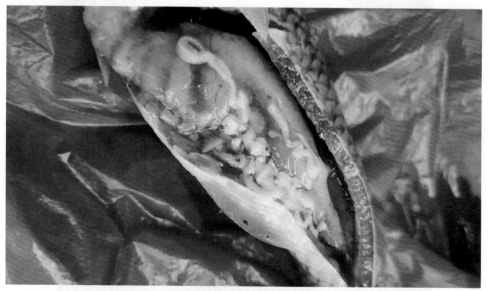

图 4-23　草鱼体内的绦虫

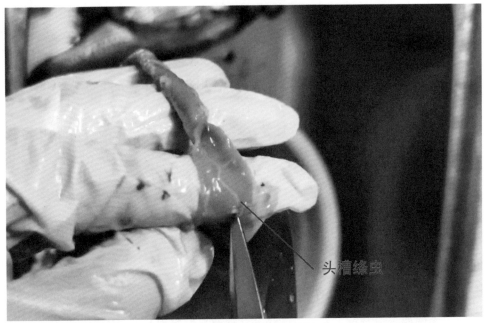

头槽绦虫

图4-24 病鱼肠道内的头槽绦虫

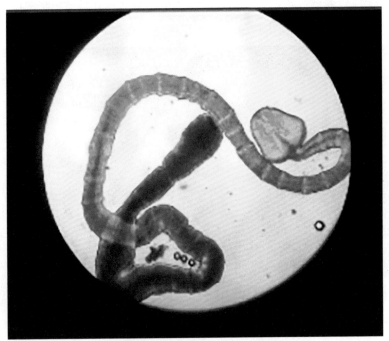

图4-25 显微镜下的九江头槽绦虫

3. 流行特点

草鱼规格在8 cm以下时受害最严重，规格超过10 cm时感染率下降。

4. 防治方法

（1）生石灰带水清塘，每亩 1 m 水深使用 150 kg，可杀灭寄生虫幼虫及中间宿主。

（2）使用晶体敌百虫粉防治，按 0.7 ～ 1 mg/L 浓度全塘泼洒，每日 1 次，连用 2 日。

（3）使用吡喹酮拌饵内服，每千克鱼体重使用 50 mg，每日 1 次，连用 5 ～ 7 日。

十、锚头鳋病

1. 病原体

病原体主要为锚头鳋（图 4-26），锚头鳋只有雌性成虫才能永久寄生生活，雌性锚头鳋在生殖季节常带有 1 对卵囊（图 4-27），卵囊内有几十个至数百个卵。

2. 主要诊断症状

病鱼通常烦躁不安，食欲减退，行动迟缓，身体瘦弱。锚头鳋头部插入鱼体肌肉和鳞片下，身体大部分露在鱼体外部肉眼可见，如插在鱼体上的小针（图4-28），故又称针虫病。锚头鳋寄生之处周围组织充血发炎，当锚头鳋寄生于鳞片下时，仔细观察鳞片腹面或用镊子取掉鳞片看是否有虫体。

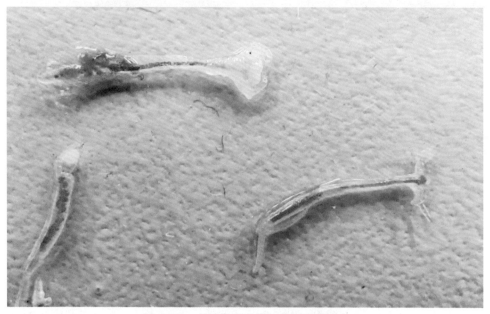

图 4-26　从病鱼身上拔下的锚头鳋成虫

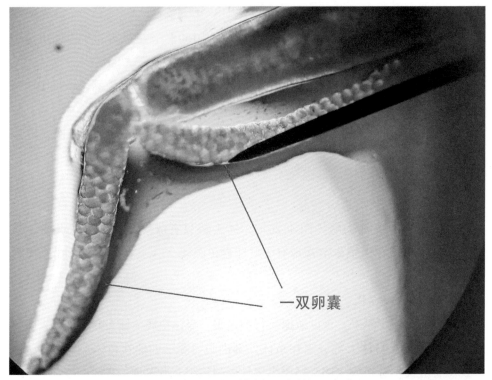

图 4-27　显微镜下锚头鳋尾部的一双卵囊

图 4-28　鱼体上寄生的锚头鳋

3. 流行特点

全国都有流行，尤以广西、广东和福建最为严重。锚头鳋繁殖水温为12～33℃，主要流行于夏季，以鱼种受害最大，当有4～5头锚头鳋寄生时即能引起病鱼死亡。通过直接接触传播。

4. 防治方法

（1）放苗前用生石灰彻底清塘，杀灭虫体虫卵。

（2）每立方米水体使用 20% 精制敌百虫粉 0.18 ～ 0.45 g 水溶解液全池泼洒，需连续用药 2 ～ 3 次，每次间隔天数随水温而定，一般为 7 天，水温越高间隔天数越少。

第二节　罗非鱼常见疾病

一、链球菌病

1. 病原体

链球菌病主要由无乳链球菌和海豚链球菌引起。链球菌菌体呈卵圆形，有荚膜，革兰氏阳性菌，为双链或链锁状的球菌。

2. 主要诊断症状

（1）行为症状：链球菌会感染鱼的脑部，因此受感染的鱼多会出现神经症状，如静止于水底、离群独游于水面、失去平衡旋转游泳等。

（2）体表症状：病鱼体色发黑，吻端发红，肛门突出，体表、鳃盖内侧、鱼鳍等部位发红、充血或溃烂（图 4-29），其中最明显的症状是病鱼眼球增大、突出（图 4-30），严重时会因角膜溃烂、晶状体坏死出现眼球发白症状，呈白内障样。

图 4-29　感染链球菌的罗非鱼鳃盖、鳍条发红充血

图4-30 感染链球菌的罗非鱼眼球突出

（3）解剖症状：剖开病鱼可见肝脏、脾脏、胆囊肿大和出血，严重时糜烂；肠壁变薄、肠道发炎有积水或黄色黏液（图4-31）。

图4-31 感染链球菌的罗非鱼肠壁变薄

若发现病鱼在水面旋转游泳、眼球增大、突出、浑浊发白，基本可以初步诊断为链球菌病。

3. 流行特点

体重100 g以上的幼鱼到成鱼均可被感染，全年均可发病，流行高峰期在

5 ～ 10 月，水温 25 ～ 37℃，尤其是水温高于 30℃时最容易暴发。该病传染性强，发病率可达 20% ～ 30%，病鱼死亡率可达 80% 以上。

4．防治方法

（1）放苗前彻底清整池塘与消毒，减少病原菌含量。

（2）鱼种投放前用 3% 食盐水浸浴 5 ～ 10 分钟。

（3）及时换水增高水位，降低水温。

（4）外用：戊二醛溶液或聚维酮碘溶液稀释后全塘泼洒（每 4 亩 1 m 深水体用 1 L）

（5）内服：罗非鱼链球菌病套餐（氟苯尼考 100 g + 多西环素 100 g + 水产用多种维生素 100 g + 肠绒生 100 g）1 套和利胆保肝宁半瓶，拌入 25 kg 饲料中可投喂 1000 kg 罗非鱼，连喂 7 日。由于发病严重的鱼不吃饲料，故在发病早期应使用抗生素。

（6）经过治疗的罗非鱼群停止死亡后切勿增加投饲量，注意逐步提高鱼体免疫力，用黄芪多糖 100 g 和水产用多种维生素 100 g 拌入 25 kg 饲料中，可投喂 1000 kg 罗非鱼，连用 7 日，缓慢增加投饲量。

二、竖鳞病

1．病原体

病原体主要为假单胞菌、水型点状假单胞菌、嗜水气单胞菌、温和气单胞菌等革兰氏阴性菌。

2．主要诊断症状

病鱼鳞片竖起，眼球突出，腹部膨大，有腹水，鳞囊内有液体，轻压鳞片可喷射渗出液（图 4-32）。

图 4-32　罗非鱼竖鳞病症状（引自罗福广、黄杰）

3. 流行特点

主要流行于静水养鱼池与高密度养殖条件下，常发生在春季，水温为17～22℃。该菌是水中常见菌，当水质污浊，鱼体受伤、抵抗力低下时易感染。

4. 防治方法

（1）在捕捞、运输等过程中避免鱼体受伤。

（2）外用：聚维酮碘，用水稀释后全池泼洒，每立方米水体用药0.1 mL。

（3）内服：磺胺间甲氧嘧啶钠拌料投喂，每千克鱼体重用药0.8～1.6 g，首次剂量加倍，连用5～7日；维生素C钠粉拌料投喂，每千克鱼体重用药35～75 mg。

三、水霉病

症状如图4-33所示，疾病流行特点及防治方法参考本章"第一节　草鱼常见疾病—四、水霉病"。

图4-33　罗非鱼水霉病症状

四、车轮虫病

镜检诊断特征如图4-34所示，疾病流行特点及防治方法参考本章"第一节草鱼常见疾病—五、车轮虫病"。

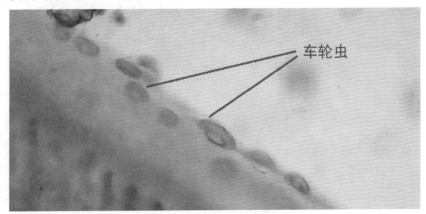

车轮虫

图4-34　显微镜下寄生于鳃的车轮虫

五、指环虫病

镜检诊断特征如图4-35所示，疾病流行特点及防治方法参考本章"第一节草鱼常见疾病—八、指环虫病"。

指环虫

图4-35 显微镜下寄生于鳃的指环虫

第三节 黄颡鱼常见疾病

一、腹水病

1. 病原体

腹水病又称大肚子病，病原体大多为气单胞菌属（点状气单胞菌、嗜水气单胞菌、维氏气单胞菌等），也有学者分离出迟缓爱德华氏菌，均为革兰氏阴性菌。

2. 主要诊断症状

发生腹水病的黄颡鱼表现为吃食减少或不吃食、离群独游或悬浮于水面、体色泛黄、黏液增多、腹部膨大、肛门红肿外翻（图4-36）、头部充血、背鳍肿大、胸鳍与腹鳍基部充血、鳍条溃烂。解剖病鱼可见胆汁外渗、腹腔淤积大量血水或黄色胶冻状物（图4-37）、胃肠无食物、肝脏呈土黄色。

图4-36　病鱼腹部膨大如球状，肛门红肿外翻

图4-37　剪开病鱼腹部可见大量腹水流出

3. 流行特点

该病在养殖过程中十分常见，发病快、死亡率高，从苗种到成鱼均可患病。在高温季节易暴发，特别是在强降温天气时来势猛、蔓延快。其发病原因有二，一是池塘老旧，底质恶化，溶氧长期处于低水平，在高温季节，特别是常无新水灌注的情况下，因大量投饵，导致水质恶化，损坏鱼的呼吸器官及内脏器官；二是养殖中后期大幅度增加投喂量或长期过量投喂，又不注重鱼肝肠保健，导致鱼肝肠损伤严重、抵抗力下降而诱发细菌感染；三是鱼发病后治疗不彻底或不对

症，死鱼现象得不到遏制。

4．防治方法

（1）清除过厚淤泥是预防该病的重要措施，同时用生石灰彻底清塘。

（2）改善池塘水质，可用过碳酸钠、过硫酸氢钾等药物改善底质。

（3）外用：聚维酮碘（10%有效含量），每立方米水体用药0.45～0.75 mL，用水稀释后全池遍泼洒，隔日1次，连用2～3次。

（4）内服：每千克鱼体重用恩诺沙星（10%有效含量）30 mg、三黄粉0.5 g、水产用多种维生素5 g拌料投喂，连用5日，同时定期投喂肝胆利康散增强鱼体免疫力。

二、一点红病

1．病原体

一点红病又称裂头病，病原体为爱德华氏菌，为革兰氏阴性菌，其感染途径是经鼻腔感染嗅觉细胞，再进入大脑，经脑膜感染头骨。

2．主要诊断症状

病鱼主要表现为食欲下降，离群独游，反应迟钝，在水面上层漂浮游动。有病鱼在水面头朝上、尾朝下，垂悬在水中，有时作痉挛式的螺旋状游动，继而发生死亡。病鱼鳍条、上下颌和腹部充血、出血，头顶部皮下发红（图4-38），严重时头骨裂开（图4-39），在头顶部出现一条狭长的溃烂出血带，呈典型的"一点红"症状。解剖观察，病鱼有腹水，肝脏充血、出血，肠道内无食物及有充血、出血症状。一般只要看到鱼头顶出现"一点红"症状即可诊断是该病。

图4-38 病鱼头顶出现"一点红"症状

图 4-39　发病严重时病鱼头骨裂开

3. 流行特点

该病从苗种到成鱼均可大面积暴发，时间跨度长，3～12月均可发病，水温为 24～28℃时流行，5～6月和 9～10月是流行季节。在水温 24～28℃的范围以外也可能发生，但死亡率低，而且多为慢性状态；其他环境因素（水质、有机物成分、饲养密度和环境压力）也会影响其致病性。

4. 防治方法

（1）清除过厚的淤泥是预防该病的重要措施，同时用生石灰彻底清塘。

（2）改善池塘水质，可用过碳酸钠、过硫酸氢钾等药物改善底质。

（3）外用：聚维酮碘（10% 有效含量），每立方米水体用药 0.45～0.75 mL，用水稀释后全池泼洒，隔日 1 次，连用 2～3 次。

（4）内服：每千克鱼体重用氟苯尼考（10% 有效含量）15 mg、硫酸新霉素（50% 有效含量）10 mg、三黄粉 0.5 g，水产用多种维生素 5 g 拌料投喂，连用 5 日，同时定期投喂肝胆利康散增强鱼体免疫力。

三、烂身病

1. 病原体

病原体为拟态弧菌、霍乱弧菌、气单胞菌等，均为革兰氏阴性菌。

2. 主要诊断症状

病鱼游泳失常，焦躁不安，体表颜色不均，体表溃烂（图 4-40），直到肌肉腐烂，失去食欲，瘦弱而死亡。病鱼体表病灶呈斑块状充血，病灶逐渐烂成血红色凹陷，严重时可烂到肌肉或骨骼，甚至遍及全身。若继发感染细菌、真菌，在溃疡灶表面可见白毛或黄毛症状。

图 4-40　病鱼体表溃烂

3. 流行特点

该病多发生在亚硝酸盐高、塘底有机物多、水环境极不卫生的鱼塘，或在发病季节移动渔网以及从外面抽入带病菌的水但又没及时有效地进行消毒的鱼塘，病菌在鱼塘大量繁殖进而感染鱼体。发病的主要原因是天气持续高温、闷热、多变，且时有暴雨，养殖水体中的各种有害细菌繁殖加剧，导致养殖水体恶化，水体中亚硝酸盐普遍偏高；加上鱼越冬爬底习性，使得鱼体容易被病菌感染，继而发病。

4. 防治方法

防治以内服为主，外消毒为辅，越早治疗越好。同时内服抗生素，拌水产用多种维生素产品。烂身初期的治疗控制可用恩诺沙星和水产用多种维生素或氟苯尼考、强力霉素和水产用多种维生素拌料投喂。要从水质、体质出发，以解毒、消毒、调水，内服修复。

（1）清除过厚淤泥是预防该病的重要措施，同时用生石灰彻底清塘。

（2）改善池塘水质，可用过碳酸钠、过硫酸氢钾等药物改善底质。

（3）外用：聚维酮碘（10% 有效含量），每立方米水体用药 0.45 ～ 0.75 mL，用水稀释后全池遍洒，隔日 1 次，连用 2 ～ 3 次。

（4）内服：每千克鱼体重用恩诺沙星（10% 有效含量）30 mg、盐酸多西环素（10%有效含量）0.2 g、水产用多种维生素 5 g 拌料投喂，连用 5 日，同时定期投喂肝胆利康散增强鱼体免疫力。

四、细菌性败血症

1. 病原体

该病俗称爆发性出血病和出血性腹水病，病原体主要为嗜水气单胞菌，同属的温和气单胞菌、豚鼠气单胞菌、舒伯特气单胞菌等也可致病，均为革兰氏阴性菌。

2. 主要诊断症状

发病早期及急性感染时，病鱼上下颌、口腔、鳃盖、眼睛及鱼体两侧轻度充血（图 4-41、图 4-42）、食欲减退。发病严重时部分病鱼因眼眶充血而出现突眼症状。剖检时，病鱼全身肌肉因充血而成红色，腹腔内积有黄色或血红色腹水（图 4-43），肝、脾、肾脏肿胀，肠壁充血，肠道内无食物，肠道因产气而呈空泡状，部分鱼鳃色浅，呈贫血状。

图 4-41　黄颡鱼败血症症状

图 4-42　病鱼尾鳍点状出血

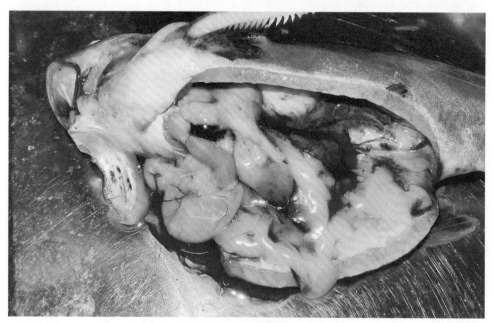

图 4-43　病鱼解剖可见腹水、内脏出血

3. 流行特点

该病在水温 9～36℃均有发生，流行水温为 22～28℃，发病高峰期为 5～9 月，水和淤泥是重要的传播媒介，病原体主要经过损伤的皮肤和鳃侵入鱼

体。该病可通过病鱼、病菌污染饵料以及水源等途径传播，鸟类捕食病鱼也可造成该病在不同养殖池间传播；一旦该病暴发流行，3～5日内可造成鱼类大批死亡。

4. 防治方法

（1）清除过厚淤泥是预防该病的主要措施，同时用生石灰彻底清塘。

（2）外用：聚维酮碘（10% 有效含量），每立方米水体 0.45～0.75 mL，用水稀释后全池遍洒，隔日 1 次，连用 2～3 次。

（3）内服：恩诺沙星粉拌料投喂，每千克鱼体重用药 100～200 mg，连用 5～7 日；维生素 K_3 拌料投喂，每千克鱼体重用药 100～200 mg，每日 1～2 次，连用 3 日；大黄五倍子末拌料投喂，每千克鱼体重用药 0.5～1 g，每日 3 次，连用 5～7 日；同时加强保肝措施，增强鱼体免疫力。

五、小瓜虫病

1. 病原体

病原体为多子小瓜虫。

2. 主要诊断症状

症状如图 4-44 所示，镜检诊断特征如图 4-45 所示。

3. 流行特点

疾病流行特点参考本章"第一节 草鱼常见疾病—六、小瓜虫病"。

图 4-44　病鱼全身布满白点

4. 防治方法

使用桉树精油或青蒿、辣椒类产品，直接全池泼洒，第一次使用后间隔 2 日再用 1 次，每半个月重复 1 次，由于幼虫孵化时间通常在夜间，故夜间用药效果更好；也可用水溶化，喷洒于鱼料表面，拌药内服。

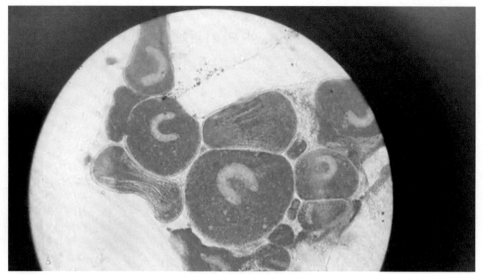

图4-45 显微镜下的小瓜虫

六、车轮虫病

疾病流行特点及防治方法参考本章"第一节 草鱼常见疾病—五、车轮虫病"。

七、指环虫病（图4-46）

1. 主要诊断症状

镜检诊断特征如图4-46所示，疾病流行特点参考本章"第一节 草鱼常见疾病—八、指环虫病"。

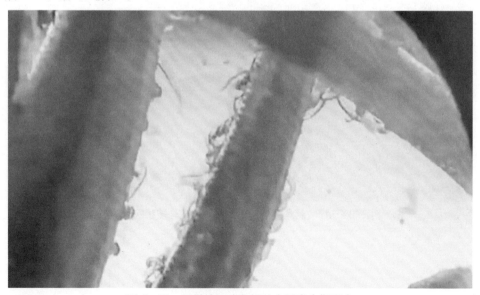

图4-46 显微镜下病鱼鳃丝大量寄生指环虫

2. 防治方法

（1）放苗前用生石灰彻底清塘，杀灭虫体虫卵。

（2）雷丸槟榔散拌料投喂，每千克鱼体重用药 0.3 ～ 0.5 g，隔日 1 次，连用 2 ～ 3 次。

第四节　斑点叉尾鮰常见疾病

一、鮰类肠败血症

1. 病原体

病原体为鮰爱德华菌，属肠杆菌科爱德华菌属，菌体呈杆状，为革兰氏阴性菌。

2. 主要诊断症状

（1）头盖穿孔型：又称慢性型。病鱼行为异常，伴有交替的不规则游泳，常做环状游动或倦怠嗜睡，后期头背颅侧部溃烂形成 1 个深孔，直到裸露出脑组织，形成似马鞍状的病灶（图 4-47、图 4-48）。

图 4-47　病鱼眼球突出，头顶形成马鞍状病灶

图4-48 病鱼头盖穿孔

（2）肠道败血型：又称急性型。此型最为常见，病鱼全身水肿，贫血和眼球突出（图4-49），感染初期病鱼离群独游，反应迟钝，食欲减退，严重时病鱼头朝上、尾朝下悬垂在水中，呈吊水状（图4-50），受到刺激时做螺旋状快速翻转或不规则游动。病鱼或死鱼腹部膨大，体表、肌肉充血，剖开腹腔有大量积水（图4-51）。

图4-49 病鱼体表充血，眼球突出

图 4-50　病鱼吊水状游泳

图 4-51　病鱼内脏出血

3. 流行特点

该病从鱼种到成鱼均可大面积暴发，流行时间跨度大，3～12月均可发病，流行水温 24～28℃。

4. 防治方法

（1）清除过厚淤泥是预防该病的重要措施，同时用生石灰彻底清塘。

（2）改善池塘水质，可用过碳酸钠、过硫酸氢钾等药物改善底质。

（3）外用：聚维酮碘（10% 有效含量），每立方米水体 0.45～0.75 mL，用水稀释后全池泼洒，隔日 1 次，连用 2～3 次。

（4）内服：每千克鱼体重用氟苯尼考（10% 有效含量）15 mg、硫酸新霉素（50% 有效含量）10 mg、三黄粉 0.5 g、水产用多种维生素 5 g 拌料投喂，连用 5日，同时定期投喂肝胆利康散增强鱼体免疫力。

二、套肠病

1. 病原体

有人认为该病是鱼体感染嗜麦芽寡养单胞菌所致，也有人认为除嗜麦芽寡养单胞菌外，还有气单胞菌、假单胞菌等多种菌混合感染导致，也有可能是由于养殖水体环境突变，长时间停食后突然投饲量过大或长期喂食过多以及恶劣环境的刺激，最终导致鱼体肠道菌群紊乱，致使肠道血流减少，这时黏膜容易发生损伤，继而发生由胰蛋白酶等肠道蛋白酶类参与的肠黏膜自溶，导致肠道断裂、不规则收缩、套叠等。

2. 主要诊断症状

发病时，病鱼在行为上表现为游动缓慢，靠边或离群独游，食欲减退或丧失，垂死时头向上、尾向下垂直悬挂于水体中。病鱼体表（特别是腹部和下颌）充血、出血并出现大小不等色素减退的圆形或椭圆形褪色斑；肛门红肿、外突，重者甚至出现脱肛现象，后肠段的一部分脱出到肛门外（图4-52）；鳃丝肿胀发白，粘附大量黏液；腹部膨大。病鱼在腹腔出现淡黄色或含血的腹水，肠道中后段常出现1～2个肠套叠（图4-53），部分病鱼还可发生前肠回缩进入胃内的现象；肝脏肿大，颜色变淡发白或呈土黄色，部分病鱼的肝脏可见出血斑（图4-54），质地变脆；脾、肾会像肝脏一样肿大，淤血，呈紫黑色；部分病鱼还会出现鳔和脂肪充血和出血。

图4-52 病鱼肛门红肿

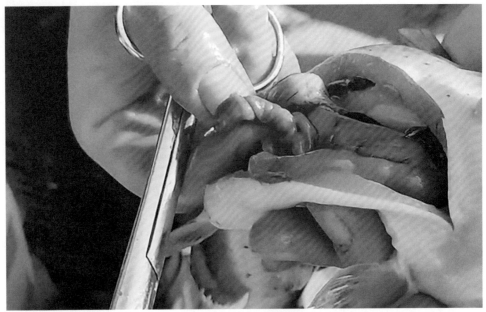

图 4-53　病鱼肠套叠

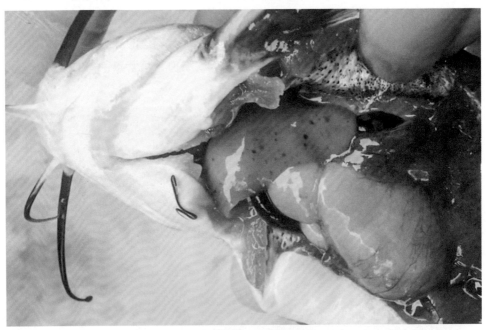

图 4-54　病鱼肝脏出现血斑

3.　流行特点

该病多发于春秋季，病程为 2 ～ 5 日，死亡率达 90% 以上，而首次发病的疫区死亡率往往达 100%。

4. 防治方法

（1）改善池塘水质，可用过碳酸钠、过硫酸氢钾等药物改善底质；用聚维酮碘（10% 有效含量），每立方米水体 0.45 ～ 0.75 mL，用水稀释后全池泼洒，每周 1 次。

（2）不要盲目加料，以免鱼肠道负担过重，引起肠道功能紊乱，定期用乳酸菌、水产用多种维生素拌料投喂改善肠道功能。

（3）口服氟苯尼考（10% 有效含量）15 mg/kg、盐酸多西环素（10% 有效含量）0.2 g/kg、胆汁酸 200 g 拌料 30 ～ 60 kg，连用 5 日。

三、烂身病

症状如图 4-55、4-56 所示，疾病流行特点及防治方法参考本章"第三节　黄颡鱼常见疾病—三、烂身病"。

图 4-55　斑点叉尾鮰烂身病症状

图 4-56　病鱼严重烂身可见骨骼

四、车轮虫病

疾病流行特点及防治方法参考本章"第一节 草鱼常见疾病—五、车轮虫病"。

五、小瓜虫病

症状如图 4-57 所示，疾病流行特点及防治方法参考本章"第一节 草鱼常见疾病—六、小瓜虫病"。

图 4-57　斑点叉尾鮰小瓜虫病症状

六、指环虫病

疾病流行特点及防治方法参考本章"第一节 草鱼常见疾病—八、指环虫病"。

第五节　加州鲈鱼常见疾病

一、虹彩病毒病

1. 病原体

虹彩病毒病是由虹彩病毒感染引起。病原菌常见有 2 种：蛙属虹彩病毒和细胞肿大属虹彩病毒。尽管很多一线人员都将这2种病毒病统称为虹彩病毒病，但症状、病程和死亡率等都有很大的差异。

2. 主要诊断症状

几乎1龄加州鲈鱼的所有规格均可发病。但从症状看，不同阶段的病鱼的症状差异很大。如苗种感染，病鱼腹部中央常见有红点（图4-58），成鱼阶段则以体表斑块状出血性溃疡为主（图4-59），或头部、鳃颊红肿出血，有时可见肝脏出现白斑（图4-60）（注意：不同于诺卡氏菌感染引起的肝脏结节，此白斑仅出现于肝脏），也往往由于存在其他病原菌混合感染而表现出多种复杂的症状，如需确诊要通过实验室检测。

图4-58 病鱼腹部中央有红点

图4-59 病鱼体表斑块状出血溃烂

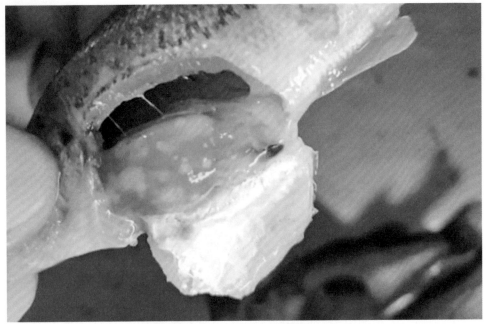

图 4-60　病鱼肝脏出现白斑

3. 流行特点

该病的发病水温为 25 ～ 32℃，发病最适水温为 30℃，进入 10 月后气温下降，发病率明显降低，发病高峰持续 7 ～ 10 日，死亡率与养殖密度、水质、天气、用药、人为操作等有关。

4. 防治方法

（1）做好苗种检疫工作，在购苗前检测苗种的病毒携带情况，选购不带病毒的苗种，并做好池塘、苗场消毒工作，使用干净水源和清洁饵料等，做好防疫，避免病毒传播。

（2）发现病鱼时及时捞出，避免与其他健康鱼接触。

（3）每千克鱼体重口服肝胆利康散 0.1 g、银翘板蓝根散 0.2 g。

二、弹状病毒病

1. 病原体

病原体为弹状病毒，属水泡病毒属，为单链 RNA 病毒，形态似棒状或子弹状。

2. 主要诊断症状

该病主要症状为苗种停止摄食，在水面漫游或打转（图 4-61），病鱼鳃部有点状出血，解剖病鱼可见肝脏严重肿大、充血（图 4-62），呈花肝状，肾脏肿大，胃肠无食物，其他组织器官无明显症状。确诊需采用逆转录—聚合酶链式反应（RT-PCR）检测。

图 4-61 病鱼在水面打转

图 4-62 病鱼肝脏肿大

3. 流行特点

该病主要危害加州鲈鱼苗种，水温 25 ～ 28℃最容易发病，通常发生在水温突变时，可通过水体等水平传播，亦可通过亲本垂直传播。该病传播速度快、潜伏期短，死亡率高，已在加州鲈鱼养殖中严重流行，短时间内可导致高达 90%

的加州鲈苗种死亡，用药防治效果不佳，造成巨大的经济损失。

4. 防治方法

对于加州鲈弹状病毒病目前还没有有效的治疗方法。因此，该病还是以综合预防为主。

（1）彻底清塘，对苗种进行特定病原检测，从源头防止病毒感染。

（2）发现病鱼时及时捞出，避免与其他健康鱼接触。

（3）投喂配方科学、质量有保障的配合饲料，以乳酸菌等活菌拌料投喂。

（4）每千克鱼体重内服芪参免疫散 2 g，连用 5 ～ 7 日，提升鱼体免疫力。

三、诺卡氏菌病

1. 病原体

又称结节病，病原体为诺卡氏菌，为革兰氏阳性菌。

2. 主要诊断症状

该病症状非常明显，肉眼检查发现鱼体表有不均匀分布的出血点或溃烂（图 4-63），该菌感染鱼类后的显著特征就是在体表（图 4-64）、肌肉（图 4-65）、腹腔、黏膜、肠、肝脏、肾脏等处（图 4-66）有大小与数量不等的白色结节，少数感染鱼体的鱼鳃也有。

图 4-63　加州鲈鱼感染诺卡氏菌症状

白色脓疡

图 4-64　病鱼体表结节可挖出白色脓疡

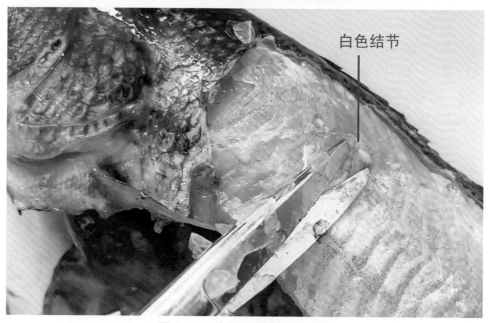

白色结节

图 4-65　病鱼肌肉可见白色结节

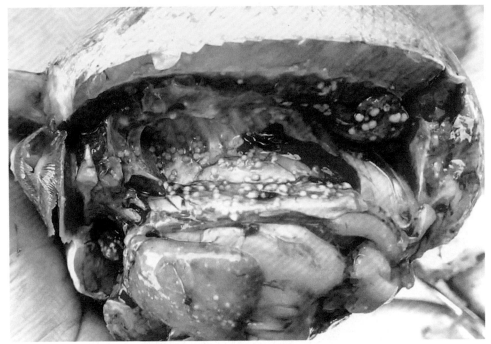

图 4-66　病鱼腹腔肌肉、黏膜、肠、肝脏、肾脏等处的白色结节

3. 流行特点

诺卡氏菌是一种条件致病菌，流行季节较长，在 4～11 月均可发病，发病高峰为 6～10 月，水温为 15～32℃均可流行，水温为 25℃～28℃时发病最为严重。诺卡氏菌感染鱼体后，会导致鱼体免疫下降，引发多种继发性感染。一旦感染诺卡氏菌，鱼死亡率极高。

4. 防治方法

（1）停食换水，改善水质，降低氨氮、亚硝酸盐含量，停止投喂 3 天，每天换水 1/3，并打开增氧机，必要时可用过碳酸钠增加溶解氧。

（2）外用：聚维酮碘（10% 有效含量），每立方米水体 0.45～0.75 mL，用水稀释后全池泼洒，隔日 1 次，连用 2～3 次。

（3）内服：每千克鱼体重用氟苯尼考（10% 有效含量）15 mg、盐酸多西环素粉（10% 有效含量）0.2 g、维生素 C 钠粉 50 mg，连用 7 日。

四、小瓜虫病

镜检诊断特征如图 4-67 所示，疾病特点及防治方法参考本章"第一节 草鱼常见疾病—六、小瓜虫病"。

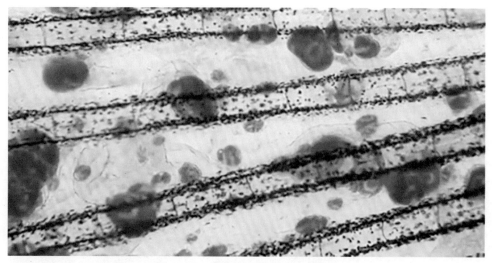

图 4-67　显微镜下鳍条上的小瓜虫

五、车轮虫病

镜检诊断特征如图 4-68 所示，疾病特点及防治方法参考本章"第一节　草鱼常见疾病—五、车轮虫病"。

图 4-68　显微镜下鳍条上的车轮虫

六、杯体虫病

1. 病原体

病原体为纤毛虫纲杯体虫，为附着类纤毛虫。其身体充分伸展时呈杯状，前端粗，向后变窄，收缩时呈茄子状。

2. 主要诊断症状

患杯体虫病的鱼苗、鱼种停止摄食，漂浮水面，多于塘边或下风口处聚集，游动吃力，身体失衡，做缺氧浮头状，鱼体发黑，仔细观察可见鳃盖后缘略发红，鳍条残损。将病鱼去除鳃盖，置于解剖镜下，发现鳃部分泌有大量黏液，其上覆满虫体（图4-69）。体表和鳍处亦多有虫体附着，尤以背鳍、尾鳍居多（图4-70）。

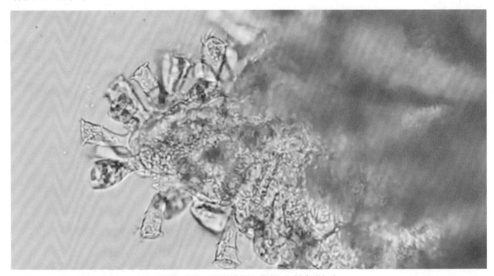

图4-69　显微镜下鱼鳃上的杯体虫

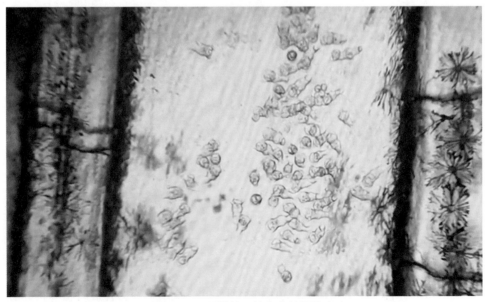

图4-70　显微镜下鳍条上的杯体虫

3. 流行特点

该病全年鱼苗种期流行，主要危害规格 5 cm 以下苗种。杯体虫传播主要靠游动，驯化后的加州鲈鱼苗种因聚集密度大，极易发生交叉感染，并致使苗种大规模死亡。养殖池塘有机质含量大、换水量少时，杯体虫大量繁殖，在水中溶解氧较低时可引起病鱼大批死亡。

4. 防治方法

（1）清塘消毒，放鱼前用生石灰彻底清塘。

（2）鱼种在放养前用 3% 食盐水浸洗 5 ～ 10 分钟。

（3）外用：聚维酮碘（10% 有效含量），每立方米水体 0.45 ～ 0.75 mL，用水稀释后全池泼洒，隔日每立方米水体用 0.7 g 硫酸铜、硫酸亚铁合剂（5：2）用水稀释 1000 倍后全池泼洒，杀灭寄生虫，每日 1 次，连续用药 2 ～ 3 次。

七、指环虫病（图 4-71）

镜检特征如图 4-71 所示，疾病特点及防治方法参考本章"第一节 草鱼常见疾病—八、指环虫病"。

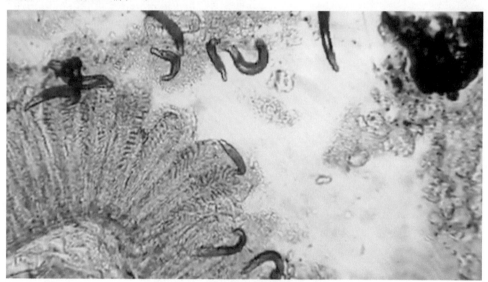

图 4-71 显微镜下鱼鳃上的指环虫

第六节 鲤鱼、鲫鱼常见疾病

一、锦鲤疱疹病毒病

1. 病原体

病原体为鲤鱼疱疹病毒 3 型，是鲤鱼的一种急性、接触性传染病。

2. 主要诊断症状

病鱼无力、无食欲，呈无方向感游泳或在水中呈头朝下、尾朝上游泳，甚至停止游动，鱼体皮肤上出现苍白的斑块或水泡，尾鳍充血，鳃出血并产生大量黏液（图 4-72），或出现大小不等的斑块状组织坏死，鳞片有血丝，眼球内凹（图 4-73）。

图 4-72 病鱼尾鳍充血、烂鳃

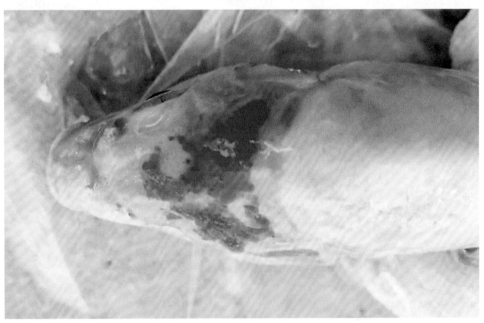

图 4-73 病鱼眼球内凹

3. 流行特点

仅鲤鱼及其变种被感染致死，流行最适水温为 23 ～ 28℃（低于18℃或高于30℃不会引起死亡），从出现症状到死亡只要 24 ～ 48 小时，死亡率极高。

4. 防治方法

目前无有效的药物用于治疗。

（1）加强苗种检疫，防止苗种携带该病病毒。

（2）发现病鱼、死鱼及时捞出处理，避免交叉感染，并对池塘和用具彻底消毒。

（3）在饲料中适量添加水产用多种维生素、免疫多糖及微生物制剂等，提高鱼体抵抗力。

二、鲫鱼造血器官坏死症

1. 病原体

病原体为鲤鱼疱疹病毒 2 型。

2. 主要诊断症状

病鱼鱼体发黑，体表广泛性充血或出血，尤以鳃盖部、下颌部、前胸部和腹部最为严重，鳃丝肿胀发红、鳃出血、内脏器官充血等（图 4-74、4-75）。

图 4-74　鲫鱼造血器官坏死症造成鲫鱼大量死亡

图 4-75　鲫鱼造血器官坏死症引起全身出血

3. 流行特点

该病以水温 24～28℃最为流行，当水温升高至 30℃以上时发病率会大幅度下降，患病群体主要为鲫鱼、金鱼，对其他种类无致病性。

4. 防治方法

目前无有效的药物用于治疗。

（1）加强苗种检疫，防止苗种携带该病病毒。

（2）在饲料中适量添加水产用多种维生素、免疫多糖及微生物制剂等，提高鱼体抵抗力。

（3）定期使用光合细菌、芽孢杆菌等微生物制剂调水，保持健康的养殖环境。

三、细菌性败血症

1. 病原体

该病俗称爆发性出血病和出血性腹水病，病原体主要为嗜水气单胞菌，同属的温和气单胞菌、豚鼠气单胞菌、舒伯特气单胞菌等也可致病，均为革兰氏阴性菌。

2. 主要诊断症状

疾病早期及急性感染时，病鱼上下颌、口腔、鳃盖、眼睛及鱼体两侧轻度充血（图 4-76、图 4-77），食欲减退。严重时部分病鱼因眼眶充血而出现突眼、鳞片竖起等症状。剖检时，病鱼全身肌肉因充血而成红色，腹部膨大（图 4-78），腹腔内积有黄色或血红色腹水，肝、脾、肾脏肿胀，肠壁充血，肠道内无食物（图4-79），肠道因产气而呈空泡状，部分鱼鳃色浅，呈贫血状。

图4-76　鲫鱼细菌性败血症症状

图4-77　病鱼眼部突出、眼眶充血

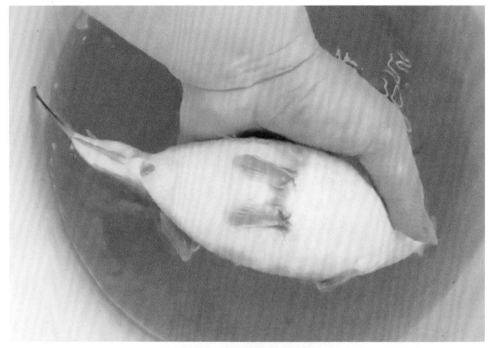

图 4-78　病鱼腹水致腹部膨大

图 4-79　病鱼肠道充血

3. 流行特点

该病在水温 9～36℃均有流行，流行最适温度为 22～28℃，高峰期为 5～9 月，水和淤泥是重要的传播媒介，主要通过损伤的皮肤和鳃侵入鱼体。该病可通过病鱼、病菌污染饵料以及水源等途径传播，鸟类捕食病鱼也可造成疾病在不同养殖池间传播，一旦暴发，3～5 天内可造成鱼类大批死亡。

4. 防治方法

（1）清除过厚的淤泥是预防该病的主要措施，同时用生石灰彻底清塘。

（2）疾病流行季节，用强氯精按 0.2～0.3 mg/L 的剂量稀释后全塘泼洒。

（3）恩诺沙星粉拌料投喂，每千克鱼体重用药 100～200 mg，连用 5～7 日；维生素 K_3 拌料投喂，每千克鱼体重用药 100～200 mg，每日 1～2 次，连用 3 日；大黄五倍子末拌料投喂，每千克鱼体重用药 0.5～1 g，每日 3 次，连用 5～7 日；同时加强保肝措施，增强鱼体免疫力。

四、竖鳞病

病症如图 4-80、图 4-81 所示，疾病特点及防治方法参考本章"第二节　罗非鱼常见疾病—二、竖鳞病"。

图 4-80　鲤鱼竖鳞病症状

图 4-81　鲫鱼竖鳞病

五、孢子虫病

1. 病原体

病原体主要为原生动物孢子虫纲的黏孢子虫类，如碘泡虫、单极虫等，可寄生于鱼的各组织和器官中，虽然有的种类不会引起鱼大批死亡，但会使鱼丧失卖相而失去经济价值。

2. 主要诊断症状

黏孢子虫主要寄生于鲤的鳃部和体表，白色包囊堆积成瘤状（图 4-82、图 4-83），包囊寄生部位引起鳃组织形成局部充血，呈紫红色或贫血呈淡红色或溃烂，有时整个鳃瓣上布满包囊，使鳃盖闭合不全，体表鳞片底部也可看到白色包囊。病鱼极度瘦弱，呼吸困难，最终因缺氧而致死。取出鲤鳃上或体表包囊内含物在显微镜下观察，可发现大量黏孢子虫的孢体，形态呈卵形或椭圆形、扁平，前端有 2 个极囊，等大或不等大，即可确诊该病（图 4-84、图 4-85）。

图 4-82　病鱼体表布满黏孢子虫包囊

图 4-83 鲤鱼感染单极虫症状

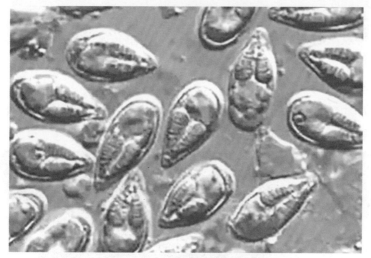

图 4-84 显微镜下的碘泡虫

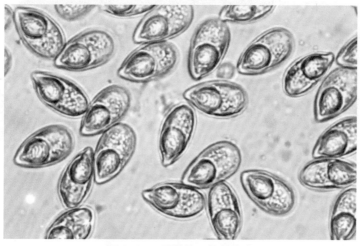

图 4-85 显微镜下的单极虫

3. 流行特点

该病流行范围很广，没有明显的季节性，一年四季均可发病。

4. 防治方法

（1）清除池底过多的淤泥，用生石灰彻底清塘消毒，杀灭虫卵及中间宿主。

（2）对有发病史的池塘每月用敌百虫全池泼洒 2 次，浓度为 0.2～0.3 mg/L；发病池塘用百部贯众散全池泼洒，每立方米水体 3 g，每日 1 次，连用 5 日。

（3）地克珠利预混剂拌料投喂，每千克鱼体重用 0.4～0.5 g，每日 1 次，连用 5～7 日。

六、白头白嘴病

疾病特点及防治方法参考本章"第一节 草鱼常见疾病—三、白头白嘴病"。

七、车轮虫病

病症如图 4-86 所示，镜检诊断特征如图 4-87 所示，疾病特点及防治方法参考本章"第一节 草鱼常见疾病—五、车轮虫病"。

图 4-86　鲫鱼感染车轮虫后鳃丝分泌大量黏液

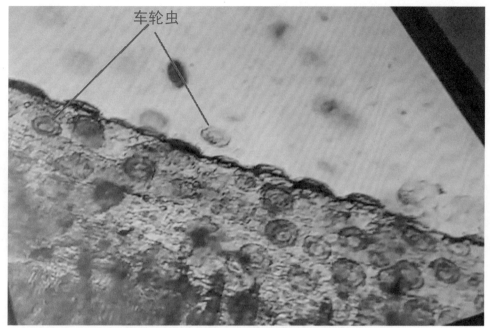

图 4-87 显微镜下病鱼鳃上寄生大量的车轮虫

八、指环虫病

病症如图 4-88 所示，镜检诊断特征如图 4-89 所示，疾病特点及防治方法参考本章"第一节 草鱼常见疾病—八、指环虫病"。

图 4-88 鲤鱼感染指环虫后鳃丝发白、黏液增多

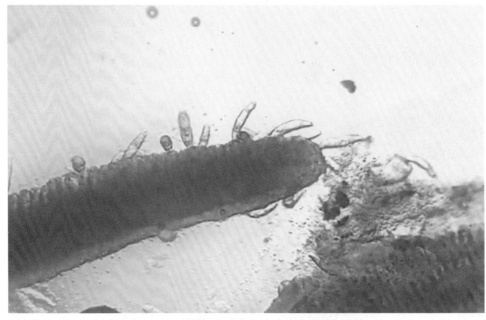

图 4-89　显微镜下病鱼鳃上寄生大量的指环虫

九、锚头鳋病

病症如图 4-90 所示，疾病特点及防治方法参考本章"第一节　草鱼常见疾病—十、锚头鳋病"。

锚头鳋

图 4-90　鲫鱼体表寄生锚头鳋

第七节 鲢、鳙常见疾病

一、细菌性败血症

1. 病原体

该病又称爆发性出血病和出血性腹水病，病原体主要为嗜水气单胞菌，同属的温和气单胞菌、豚鼠气单胞菌、舒伯特气单胞菌等也可致病，均为革兰氏阴性菌。

2. 主要诊断症状

发病早期及急性感染时，病鱼上下颌、口腔、鳃盖、眼睛及鱼体两侧轻度充血（图4-91、图4-92），食欲减退。严重时部分病鱼因眼眶充血而出现突眼、鳞片竖起等症状。剖检时病鱼全身肌肉因充血而成红色，腹腔内积有黄色或血红色腹水，肝、脾、肾脏肿胀，肠壁充血（图4-93），肠道内无食物，肠道因产气而呈空泡状，部分鱼鳃色浅，呈贫血状。

图4-91 病鱼鳍条、鳃盖充血

图4-92 病鱼眼球凸出、眼眶充血

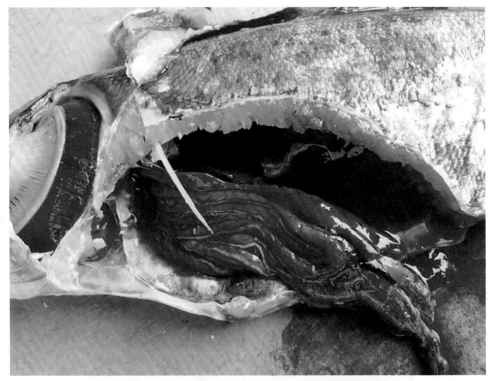

图4-93　病鱼解剖后可见腹腔内大量红色腹水

3. 流行特点

该病在水温9～36℃均有流行，流行最适水温为22～28℃，流行高峰期为5～9月，常因寄生虫感染和水质、底质恶化引起，水和淤泥是重要的传播媒介。该病可通过病鱼、病菌污染饵料以及水源等途径传播，鸟类捕食病鱼也可造成疾病在不同养殖池间传播，一旦暴发，3～5天内可造成鱼类大批死亡。

4. 防治方法

（1）清除过厚的淤泥是预防该病的主要措施，同时用生石灰彻底清塘。

（2）外用：辛硫磷溶液（40%含量）用水充分稀释后全池均匀泼洒，每立方米水体用药0.02～0.03 mL；戊二醛苯扎溴铵溶液（45%含量）用水稀释500倍后全池泼洒，每立方米水体用药0.3 g，每隔2～3日用药1次，连用2～3次；消毒后用碧水安（有机酸）全池泼洒，每亩水面1 m水深用量为100 mL，以降解药物残留毒性。

二、车轮虫病

镜检诊断特征如图4-94所示，疾病特点及防治方法参考本章"第一节 草鱼常见疾病—五、车轮虫病"。

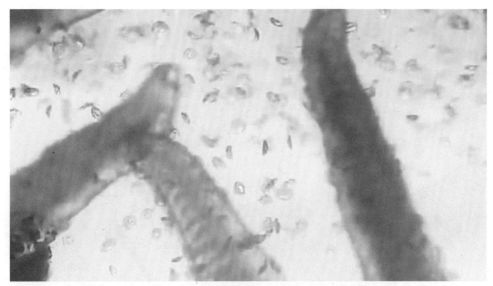

图4-94 显微镜下病鱼鳃丝上寄生大量的车轮虫

三、指环虫病

镜检诊断特征如图4-95所示，疾病特点及防治方法参考草鱼指环虫病。

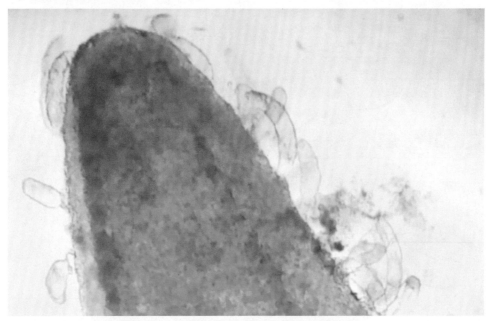

图4-95 显微镜下病鱼鳃丝上寄生大量的指环虫

四、锚头鳋病

病症如图4-96、图4-97所示，疾病特点及防治方法参考本章"第一节 草鱼常见疾病—十、锚头鳋病"。

图 4-96　锚头鳋大量寄生后导致病鱼鱼体瘦弱

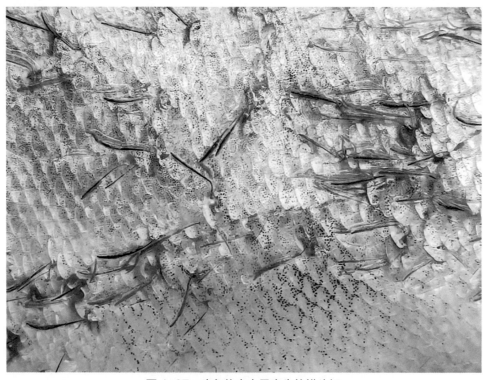

图 4-97　病鱼体表大量寄生的锚头鳋

第八节 乌鳢常见疾病

一、诺卡氏菌病

1. 病原体

病原体为诺卡氏菌，属于放线菌目诺卡氏菌科，为革兰氏阳性丝状杆菌。

2. 主要诊断症状

病鱼发病初期体表无明显的症状，摄食无明显的异常，但随着病情加重，病鱼食欲下降、活力减退，有些伴有眼球外突的症状。在发病后期，病鱼可出现鳃丝局部灶性坏死、鳍条充血、体表散在性的化脓性溃疡灶（图4-98）、肛门红肿等症状。诺卡氏菌病最显著的症状是在内脏形成肉眼可见的大量质地较硬、突起较粗糙的白色结节（肉芽肿）（图4-99），病鱼还可在体表皮下形成脓疮，呈现大小不一的鼓起软包，划破后有白色或淡红色脓液流出。

图4-98 病鱼体表局部溃疡灶

图4-99 病鱼内脏可见大量质地较硬突起的白色结节

3. 流行特点

该病流行季节较长，4～11月均有发生，水温20～28℃更容易发病，发病高峰在1龄鱼当年的10～12月和2龄鱼当年的所有阶段，病程较长，从感染到出现症状一般需要10～15天，表现为缓慢死亡的特征。

4. 防治方法

（1）停食换水，改善水质，降低水体氨氮、亚硝酸盐含量。停止投喂3天，每天换水1/3，并打开增氧机，必要时可用过碳酸钠增加水体溶解氧。

（2）外用：聚维酮碘（10%有效含量），每立方米水体用药0.45～0.75 mL，用水稀释后全池泼洒，隔日1次，连用2～3次。

（3）内服：每千克鱼体重用氟苯尼考（10%有效含量）15 mg、盐酸多西环素粉（10%有效含量）0.2 g或维生素C钠粉50 mg，连用7日。

二、舒伯特气单胞菌病

1. 病原体

病原体为舒伯特气单胞菌，属气单胞菌科气单胞菌属，为革兰氏阴性短杆菌，是引起鲤科鱼类内脏类结节病的主要病原体之一。

2. 主要诊断症状

感染舒伯特气单胞菌后会出现败血症或内脏类结节，败血症症状与细菌性败血症相似，主要表现为病鱼鳍基部充血、腹腔积液、肠壁充血、发炎等；内脏类结节症状主要表现为体表无明显特征或出现少量红点（图4-100），肝、脾、肾等器官肿大，有大量形态不规则、触感较滑的小白点（白色结节）（图4-101、图4-102）。

舒伯特气单胞菌病与诺卡氏菌病均引起内脏白色结节的症状，其主要区别：舒伯特气单胞菌病病程短，感染后则表现为急性发病，从感染到出现死亡仅2～3天，表现为急性传染性死亡，多发于水温30℃以上，发病时体表无明显变化，类结节主要出现在肝、脾和肾，结节柔软、边界不清晰；诺卡氏菌病病程较长，在水温20～28℃时更容易发病，一般病鱼的体表皮肤和肌肉溃烂，结节可出现在鳃、肌肉、肝、脾、肾、肠等几乎所有的组织器官，结节比正常组织更坚硬。

图 4-100　病鱼体表点状出血

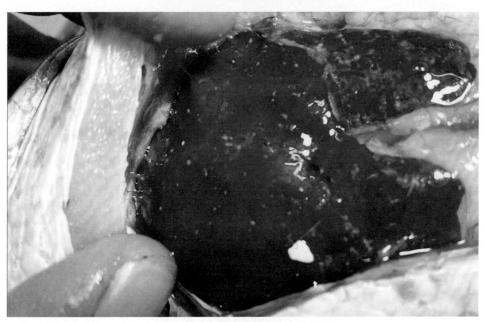

图 4-101　病鱼内脏上的白色结节

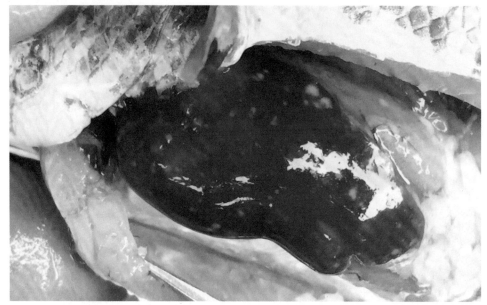

图 4-102　病鱼肝脏触感光滑并有白色结节

3. 流行特点

舒伯特气单胞菌病主要流行于 6～9 月的高温期，放养密度过大及氨氮、亚硝酸盐含量高的池塘容易发病，且多发于高温期天气突变或连续阴雨天后。该病感染后容易急性发病，各个阶段的乌鳢及杂交鳢均可感染发病，当年养殖的新鱼发病较多，亦可感染 2 龄鱼。

4. 防治方法

（1）放养密度合理，定期使用过碳酸钠改底、增氧改善池塘养殖环境，减少病原菌滋生。

（2）天气突变或连续阴雨天及时打开增氧机，定期投喂水产用多种维生素和肝胆利康散预防疾病。

（3）外用：聚维酮碘（10% 有效含量），每立方米水体用药 0.45～0.75 mL，用水稀释后全池遍洒，隔日 1 次，连用 2～3 次。

（4）内服：每千克鱼体重用恩诺沙星（10% 有效含量）0.4 g、硫酸新霉素（50% 有效含量）10 mg 或三黄散 0.5 g，每日 1 次，连用 5～7 日。

三、流行性溃疡综合征

1. 病原体

病原体主要为丝囊霉菌，属水霉科丝囊霉属。该病常导致大量细菌、病毒等病原菌乘虚而入，继发感染乌鳢弹状病毒病、嗜水气单胞菌病或温和气单胞菌病等，加重患病乌鳢的病情。

2. 主要诊断症状

病鱼早期厌食、上浮、离群独游、体色发黑，在体表、头、鳃盖和尾部可见红斑；后期会出现较大的红色或灰色的浅部溃疡（图 4-103），严重者往往出现一些区域较大的溃疡灶（图 4-104），甚至内脏器官外露（图 4-105），继而导致大量死亡。剖检可见肠道内无食物，有透明液体渗出，肝脏、脾脏发黄。

图 4-103　病鱼体表出现红色溃疡

图 4-104　病鱼体表严重溃烂

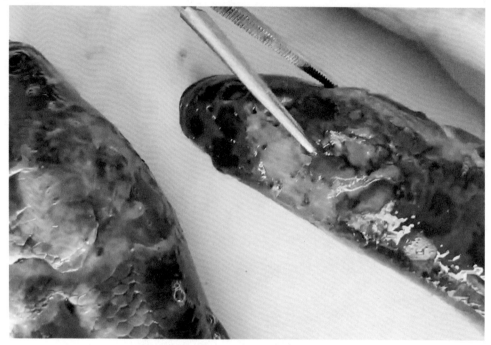

图 4-105　病鱼头部严重溃烂露出脑组织

3. 流行特点

低温和暴雨等可促进丝囊霉菌孢子的形成，且长期低温会降低鱼体对霉菌的免疫力，因此溃疡病大多发生在低水温时期（18～22℃）和大量降雨之后。机械损伤和寄生虫、细菌、病毒造成的表皮损伤是该病暴发的主要原因。易感阶段为幼鱼和成鱼。

4. 防治方法

该病大面积暴发后治疗难度较大，重点在于及时发现和预防。

（1）清除过厚的淤泥，用生石灰彻底清塘，减少病原菌。

（2）放养密度合理，保持池塘良好的养殖环境，减少病原菌滋生。

（3）外用：聚维酮碘（10%有效含量），每立方米水体用药 0.45～0.75 mL，用水稀释后全池遍洒，隔日 1 次，连用 2～3 次。

（4）内服：每千克鱼体重用氟苯尼考（10%有效含量）15 mg、恩诺沙星（10%有效含量）0.4 g、五倍子末 0.5 g 或水产用多种维生素 0.2 g，连用 7 日。

第九节 其他常见疾病

一、肝胆综合征

1. 病因

肝胆综合征并不是一种具体的鱼类疾病，而是对于因养殖水环境恶化、投喂不科学及其他综合因素引起鱼类肝胆内脏功能减弱或发生实质性病变，表现出的一系列病态症状的统称。

2. 主要诊断症状

肝胆综合征以肝胆肿大、变色为典型症状。病鱼发病初期，肝脏略肿大，轻微贫血，色略淡；胆囊色较暗，略显绿色。随着病情发展，肝脏明显肿大，可比正常的大1倍以上，肝色逐渐变黄发白，或呈斑块状黄红白色相间，形成明显的花肝症状（图4-106）；有的肝脏轻触易碎（图4-107），胆囊比正常的明显肿大1～2倍（有时导致胆汁溢出或胆囊破裂）（图4-108），胆汁颜色变深绿色或墨绿色，或变黄色、变白色直至无色，重者胆囊充血发红，并使胆汁也呈红色。肝脏是鱼类重要的解毒与消化器官，肝胆综合征会导致鱼体的抗病力下降，给其他病菌的侵入以可乘之机，因此该病是鱼类各种疾病的诱因，病鱼常同时伴有出血、烂鳃、肠炎、烂尾等症状。该病最典型的特征是肝胆肿大和变色。诊断时，除检查鱼体表及鳃、眼等病变外，剖开鱼腹，认真检查肝胆病变情况，若肝、胆肿大和变色明显，即可初步确定为肝胆综合征。

图4-106 加州鲈鱼花肝

图 4-107　肝胆综合征加州鲈鱼肝脏发白、变硬变脆

图 4-108　肝胆综合征黄颡鱼脂肪肝肝脏发白、胆囊增大

3. 流行特点

该病可发生于各种养殖鱼类，无明显的季节特性，但在 4 ～ 10 月水温较高、喂料较多的季节尤为严重。发病与养殖密度过大，水体环境、底质恶化，经常使用消毒杀菌剂、杀虫剂、杀藻剂、重金属盐类化学药物，有害藻类产生藻毒素，饲料酸败变质，营养成分失衡和维生素缺乏，饲料投喂过猛等因素有关。

4. 防治方法

解剖病鱼若发现病鱼肝脏彻底发黄、发白，用手稍微压触就碎则表明已经没有治疗的意义，应及时出售，避免造成更大的损失；若发现病鱼肝脏只是轻微发黄或呈轻微花肝状，手微压触仍有弹性不破碎，则表明仍有治疗意义，治疗方法如下。

（1）首先停喂 3 日，以减轻肝脏负担；检查氨氮、亚硝酸盐、溶解氧、pH值等水质指标是否异常，如有异常及时换水重新培水，保障水中有充足的溶解氧，加速鱼类体内毒素代谢。

（2）第四日逐渐开始少量投喂药饵，每千克鱼体重用胆汁酸 0.2 g、肝胆利康散 0.1 g，每日 1 次，连用 10 日。

（3）在饲料的选择上切勿贪图便宜，要选择信誉良好、有技术实力厂商的产品。

（4）投喂不宜过饱，严格按照鱼类各生长时期及水温对应的投饲比例进行投喂，最多也不宜超过鱼体重的 6%，可定期在饲料中添加肝胆利康散、胆汁酸、水产用多种维生素等产品，保肝护肝，提升鱼体免疫力。

二、浮头与泛池

1. 病因

当水中溶解氧较低时，会引起鱼类到水面呼吸，受到惊吓不下沉，鱼不成群，分散鱼池边，称为浮头；这时如果不采取措施，很快就会出现大批鱼窒息死亡，称为泛池。

2. 主要诊断症状

巡塘时发现鱼浮于水面，用口呼吸（尤其在清晨）（图 4-109），若太阳出来后仍不下沉，说明缺氧严重。测量池塘溶解氧低于 2 mg/L 时，镜检鳃丝无寄生虫感染基本可以确诊。发生泛池时可使整池鱼死亡（图 4-110）。

图 4-109　病鱼浮头

图 4-110　病鱼泛塘，整池鱼死亡

3. 流行特点

浮头和泛池无地域性，常发生于高温季节闷热无风、气压低时，又因放养密度过高，池水和底质中有机质过多，再遇闷热无风、连日阴雨等天气，夜间就可能发生，严重时造成全池鱼死亡。

4. 防治方法

（1）清塘时挖除过厚的淤泥。

（2）放养密度和混养搭配要合理。

（3）定期使用光合细菌、芽孢杆菌、EM 菌等微生物制剂改良水质，避免有机质过多和水质过肥。

（4）晴天中午打开增氧机，让上下水层对流。高温季节特别是闷热无风或连续阴雨天气，应减少喂料、适当换水，半夜到凌晨期间加强巡塘，发现鱼浮头要及时打开增氧机，泼洒过碳酸钠增氧或泼洒柠檬酸钠、沸石粉改善水质。

三、气泡病

1. 病因

由于池塘水中溶解的气体达到过饱和状态，气体在水中游离出来聚集形成微小气泡，气泡附着在幼鱼的体表或被幼鱼误当食物吞食，使幼鱼失去平衡后漂浮于水面失去游动能力而死亡。幼鱼吞食的气泡在肠道内不能被排出体外，气泡阻断肠道食物的通行而影响消化，最终也会导致死亡。

2. 主要诊断症状

最初病鱼在水面做混乱无力游动，不久在体表及体内出现气泡（图4-111），随着气泡的增大和体力的消耗，病鱼失去自由游动能力而浮在水面，不久后死亡。肉眼或用显微镜检查，可见鳃、鳍（图4-112）及血管内有大量气泡。

图4-111　气泡病病鱼

图4-112　病鱼尾鳍充满微小气泡

3. 流行特点

气泡病可发生在不同种类、不同年龄、不同地区的鱼，尤其是鱼苗、鱼种更易发生。一般在藻类过多进行光合作用时产生大量氧气，水中有机物经发酵产生气体增多达到过饱和时发生。

4. 防治方法

（1）不用含有气泡的水（有气泡的水必须经过充分曝气），不使用未经发酵的肥料。

（2）注意掌握施肥量，避免水中浮游植物过度繁殖释放过多氧气；晴天的中午鱼苗、鱼种培养池使用遮阳网减少光照。

（3）发现气泡病时及时排出部分池水，加入清水；及时打开增氧机搅动水体；必要时可以用腐植酸钠遮光，减少藻类光合作用。

第五章　水产养殖常用药物

第一节　常用消毒药物

　　消毒剂是水产养殖中最常用的药物，用于消除或杀灭外环境中的病原微生物及其他有害微生物。我国水产养殖动物品种繁多，其中淡水鱼养殖常用到的消毒药物见表 5-1。

表 5-1　水产养殖常用消毒药物

序号	名称	药理作用与主要功能
1	氧化钙（生石灰）	利用其自身的强氧化作用以及强碱性，遇水发生化学反应释放大量的热量以及碱来达到杀菌消毒、强行降解底层有机物的目的。氧化钙能杀死水体中所有生物，对病菌、鱼虾、寄生虫以及其他所有生物具有无差别的杀伤属性
2	三氯异氰尿酸（强氯精）	一种高效的消毒漂白剂，几乎对所有真菌、细菌、病毒芽孢都有杀灭作用
3	戊二醛	具有广谱杀灭微生物的能力，是一种新型、高效、低毒的中性强化消毒液，可杀灭细菌繁殖体、细菌芽孢、病毒等病原微生物
4	苯扎溴铵	一种阳离子表面活性剂，通过其所带的正电荷与微生物细胞膜上带负电荷的基团生成共价键，共价键在细胞膜上产生应力，导致溶菌作用和细胞死亡；还能透过细胞膜进入微生物体内，导致微生物代谢异常，致使细胞死亡（水质清瘦、软体动物、冷水性鱼类要慎用）
5	戊二醛苯扎溴铵	戊二醛为醛类消毒药，可杀灭细菌的繁殖体和芽孢、真菌、病毒。苯扎溴铵为双长链阳离子表面活性剂，其季铵阳离子能主动吸引带负电荷的细菌和病毒并覆盖其表面，阻碍细菌代谢，导致细胞膜的通透性改变，与戊二醛合用，具有增效作用（水质清瘦、软体动物、冷水性鱼类要慎用）
6	次氯酸钠（漂白粉、含氯石灰）	含氯消毒剂，在水中可以释放出次氯酸和初生态氧，次氯酸分子在水中很快扩散到带负电荷的细菌表面，穿透细胞膜，破坏某些酶的活力，从而达到杀灭细菌的效果

续表

序号	名称	药理作用与主要功能
7	溴氯海因	在水中能够不断地释放出 Br^- 和 Cl^+ 形成次溴酸和次氯酸，将细菌体内的生物酶氧化分解而失效，起到杀菌作用
8	二氧化氯	通过氧化反应产生氯，可迅速在水中溶解，释放出高纯度的二氧化氯气体，达到消毒杀菌的作用
9	聚维酮碘	表面活性剂 PVP 对菌膜进行有效亲和，将其所载有的碘与细胞膜和细胞质结合，使巯基化合物、肽、蛋白质、酶、脂质等氧化或碘化，从而达到杀菌目的。聚维酮碘在溶剂中逐渐释放出碘，起到缓释作用，保持较长时间的杀菌力
10	过硫酸氢钾	一种新型的活性氧消毒剂，具有非常强大而有效的非氯氧化能力，其水溶液为酸性，非常适合各种水体消毒，溶解后产生各种高活性小分子自由基、活性氧等衍生物，在水体中不会形成毒副产物，安全性极高

第二节　常用抗菌药物

抗菌药物包括抗生素和人工合成抗菌药。抗生素是由生物体（包括细菌、真菌、放线菌、动物、植物等）在生命活动过程中产生的一种次生代谢产物或其人工衍生物，能在极低浓度时抑制或影响其他生物的生命活动。人工合成抗菌药主要有两类：磺胺类及喹诺酮类。抗菌药物主要是影响病原菌的结构和干扰其代谢过程而产生抗菌作用。养殖过程中使用抗生素不等于滥用抗生素，滥用抗生素不仅衍生出细菌耐药性的问题，危害人和动物的健康，而且会污染环境，破坏生态平衡。由于水产养殖乱用抗生素会导致药物残留影响食品安全，因此可供水产养殖使用的药物种类不多，具体见表5-2。

表5-2　水产养殖常用抗菌药物

序号	名称	药理作用与主要功能
1	甲砜霉素	为氯霉素的衍生物，抗菌谱与氯霉素基本相同，对革兰氏阳性菌的抗菌作用很强，对革兰氏阴性菌也有较强的抗菌作用，主要是抑制细菌蛋白质合成。用于治疗淡水鱼、鳖等由气单孢菌、假单孢菌、弧菌等引起的细菌性败血症、细菌性肠炎、细菌性烂鳃病、细菌性烂鳍病、细菌性烂尾病、赤皮病等

续表

序号	名称	药理作用与主要功能
2	氟苯尼考	酰胺醇类抗菌药，阻断肽酰基转移，抑制肽链延伸，干扰蛋白质合成而产生抗菌作用。对气单胞菌、弧菌、爱德华氏菌等均有较强的抗菌作用。用于防治主要淡、海水养殖鱼类由细菌引起的败血症、溃疡、肠道病、烂鳃病以及虾红体病、蟹腹水病
3	盐酸多西环素（强力霉素）	通过可逆性地与细菌核糖体 30S 亚基上的受体结合，干扰 tRNA 与 mRNA 形成核糖体复合物，阻止肽链延长而抑制蛋白质合成，从而使细菌的生长繁殖迅速被抑制。对革兰氏阳性菌和阴性菌均有抑制作用。用于治疗鱼类由弧菌、嗜水气单胞菌、爱德华氏菌等引起的细菌性疾病
4	硫酸新霉素	氨基糖苷类抗生素。通过抑制细菌蛋白质的合成产生杀菌作用，对静止期细菌杀灭作用较强，为静止期杀菌药。抗菌谱主要为革兰氏阴性菌，对厌氧菌无效。口服不吸收，主要用于肠道敏感菌所致的感染。用于治疗鱼、虾、蟹等水产动物由气单胞菌、爱德华氏菌及弧菌等引起的肠道疾病
5	恩诺沙星	氟喹诺酮类抗菌药。是现在水产上用得比较广泛的人工合成抗生素。具有抗菌活性强、有很强的渗透性、生物利用率高、对全身感染症状均有效且不良反应少等优点。与多数抗生素无交叉耐药性。用于治疗水产养殖动物由细菌性感染引起的出血性败血症、烂鳃病、打印病、肠炎病、赤鳍病、爱德华氏菌病等疾病
6	复方磺胺嘧啶	磺胺类抗菌药。磺胺嘧啶通过与对氨基苯甲酸竞争二氢叶酸合成酶，抑制二氢叶酸的合成而产生抑菌作用。甲氧苄啶为抗菌增效剂，通过抑制二氢叶酸还原酶，使二氢叶酸不能还原成四氢叶酸，阻碍敏感细菌叶酸代谢和利用。用于治疗草鱼、鲢、鲈、石斑鱼等由气单胞菌、荧光假单胞菌、副溶血弧菌、鳗弧菌引起的出血症、赤皮病、肠炎、腐皮病等疾病
7	复方磺胺二甲嘧啶	磺胺类抗菌药。磺胺二甲嘧啶主要通过干扰敏感病原生物的叶酸代谢而抑制其生长繁殖。磺胺类的化学结构能与对氨基苯甲酸竞争二氢叶酸合成酶，抑制二氢叶酸的合成，进而影响核酸的生成，细菌生长繁殖被阻止。甲氧苄啶是二氢叶酸还原抑制剂，使二氢叶酸不能还原成四氢叶酸，阻碍敏感细菌叶酸代谢和利用。甲氧苄啶与磺胺二甲嘧啶合用时，可从两个不同环节同时阻断叶酸合成，起到双重阻断作用。合用时抗菌作用增强数倍至数十倍，不但可以减少细菌抗药性产生，并对抗磺胺类药株亦有抗菌作用。用于治疗水产养殖动物由嗜水气单胞菌、温和气单胞菌等引起的赤鳍、疖疮、赤皮、肠炎、溃疡、竖鳞等疾病

续表

序号	名称	药理作用与主要功能
8	复方磺胺甲噁唑	磺胺甲噁唑主要通过干扰敏感病原生物的叶酸代谢而抑制其生长繁殖。磺胺类的化学结构与对氨基苯甲酸竞争二氢叶酸合成酶，抑制二氢叶酸的合成，进而影响核酸的生成，细菌生长繁殖被阻止。甲氧苄啶是二氢叶酸还原酶抑制剂，使二氢叶酸不能还原成四氢叶酸，从而阻碍了敏感细菌的叶酸代谢和利用。甲氧苄啶与磺胺甲噁唑合用时，可从两个不同环节同时阻断叶酸合成，起到双重阻断作用。用于海、淡水鱼类由嗜水气单胞菌、温和气单胞菌、荧光假单胞菌等敏感菌引起的肠炎、败血症、赤皮、溃疡等细菌性疾病的治疗
9	磺胺间甲氧嘧啶钠	磺胺类抗菌药。通过与对氨基苯甲酸竞争二氢叶酸合成酶，使敏感细菌的二氢叶酸合成受阻，从而产生抑菌作用。用于治疗主要养殖鱼类由气单胞菌、荧光假单胞菌、迟缓爱德华氏菌、鳗弧菌、副溶血弧菌等引起的细菌性疾病

第三节　常用驱虫和杀虫药物

近年来水产养殖寄生虫的危害越来越大，特别是天气突变或阴雨天气最易发生流行，虽然有些寄生虫类并不一定会带来致命威胁，但会影响鱼类的生长、摄食、卖相，并可能会因寄生虫感染而并发一系列的病毒、细菌和真菌类疾病，给水产养殖带来严重的经济损失。淡水鱼养殖常用的驱杀虫药见表5-3。

表5-3　水产养殖常用的驱虫和杀虫药物

序号	名称	药理作用与主要功能
1	甲苯咪唑	抗蠕虫药。与寄生虫细胞微管蛋白结合，干扰微管的形成，从而发挥驱虫杀灭作用。用于治疗鱼类指环虫、伪指环虫、三代虫等单殖吸虫病
2	地克珠利	抗原虫药。属三嗪类化合物，对水生动物孢子虫等有抑制或杀灭作用。用于防治鲤科鱼类黏孢子虫、碘泡虫、尾孢虫、四极虫、单极虫等孢子虫病
3	阿苯达唑	抗蠕虫药。对线虫类敏感，对绦虫、吸虫也有较强的驱虫杀灭作用。其作用机理主要是通过与线虫的微管蛋白结合发挥作用。主要用于治疗海水养殖鱼类由双鳞盘吸虫、贝尼登虫引起的寄生虫病，淡水养殖鱼类由指环虫、三代虫、绦虫、线虫等引起的寄生虫病

续表

序号	名称	药理作用与主要功能
4	吡喹酮	抗蠕虫药。能阻断糖代谢，还能破坏体表糖萼以及改变其渗透性，使之不能适应非等渗的水环境，从而引起皮层、肌肉和实质组织细胞被破坏。还能引起虫体表膜去极化，使皮层碱性磷酸酶的活性降低，使葡萄糖的摄取受抑制，内源性糖原耗竭，抑制虫体核酸与蛋白质的合成，最终导致死亡。用于驱杀鱼体内棘头虫、绦虫等寄生虫
5	辛硫磷	有机磷类杀虫药。通过抑制虫体内胆碱酯酶的活性而破坏正常的神经传导引起虫体麻痹，直至死亡；对宿主胆碱酯酶活性亦有抑制作用，使宿主胃肠蠕动增强，加速虫体排出体外。用于杀灭或驱除寄生于青鱼、草鱼、鲢、鳙、鲤、鲫和鳊等鱼体上的中华鳋、锚头鳋、鲺、鱼虱、三代虫、指环虫、线虫等寄生虫
6	敌百虫	有机磷类杀虫药。用于杀灭或驱除主要淡水养殖鱼类鱼体上的中华鳋、锚头鳋、鱼鲺、三代虫、指环虫、线虫、吸虫等寄生虫（虾、蟹、鳜、淡水白鲳、无鳞鱼、海水鱼禁用，特种水产动物慎用）
7	盐酸氯苯胍	抗原虫药。干扰虫体胞浆中的内质网，影响虫体蛋白质代谢，使内质网的高尔基体肿胀，氧化磷酸化反应和 ATP 酶被抑制。用于治疗鱼类孢子虫病
8	溴氰菊酯	又名敌杀死，为高效、低残留、广谱性杀虫剂，具有速效、击倒率高等特点，对害虫具有强烈的触杀作用，并兼有胃毒和杀卵作用。用于杀灭或驱除养殖青鱼、草鱼、鲢、鳙、鲫、鳊、黄鳝、鳜和鲇等鱼类水体及体表的锚头鳋、中华鳋、鱼虱、鲺、三代虫、指环虫等寄生虫（缺氧水体禁用，虾、蟹和鱼苗禁用）
9	硫酸铜、硫酸亚铁	杀虫药。其水溶液呈弱酸性。在使用过程中，Cu^{2+} 可与蛋白质结合形成络合物（螯合物），使蛋白质变性，沉淀，使寄生虫体内的酶失去活力，从而杀死寄生虫，尤其对原虫有较强杀伤力。硫酸亚铁为辅助药物，具有收敛作用，对硫酸铜杀虫起辅助作用。用于杀灭或驱除草鱼、鲢、鳙、鲫、鲤、鲈、桂花鱼、鳗鲡、胡子鲇的鳃隐鞭虫、车轮虫、斜管虫、固着类纤毛虫等寄生虫

第四节 常用中成药物

随着人们对水产食品安全关注的不断加强，越来越多的抗生素和化学合成药物在水产养殖中陆续被禁用，越来越多的中草药被应用到水产行业中。中草药具有绿色天然、无耐药性、无残留的优点，近年来其在水产养殖领域被广泛应用。中草药除了可以治疗疾病，还具有提高抗病力、促进养殖鱼类生长、改善肌肉品质等作用。为了方便广大养殖户使用，各企业已将中草药配制成中成药销售，水产养殖常用的中成药物见表 5-4。

表 5-4　水产养殖常用中成药物

序号	名称	主要成分与主要功能
1	肝胆利康散	主要成分：茵陈、大黄、郁金、连翘、柴胡等。用于疏肝利胆、清热解毒，具有保肝、利胆、泻下、利尿作用。主要用于治疗鱼类肝胆综合征
2	五倍子末	主要成分：五倍子。敛疮止血。主治水产动物水霉病、鳃霉病
3	六味地黄散	主要成分：熟地黄、山茱萸（制）、山药、牡丹皮、茯苓等。用于增强机体抵抗力
4	三黄散	主要成分：黄芩、黄柏、大黄、大青叶。主治细菌性败血症、烂鳃病、肠炎和赤皮病
5	黄连解毒散	主要成分：黄连、黄芩、黄柏、栀子。用于鱼类细菌性、病毒性疾病的辅助性防治
6	利胃散	主要成分：龙胆、肉桂、干酵母、碳酸氢钠、硅酸铝。用于增强食欲、辅助消化、促进生长
7	龙胆泻肝散	主要成分：龙胆、车前子、柴胡、当归、栀子等。主要用于治疗鱼类、虾、蟹等水产动物的脂肪肝、肝中毒、急性或亚急性肝坏死及胆囊肿大、胆汁变色等
8	抗病毒免疫散	主要成分：黄芪、力参、甘草、党参。用于补益气血。主要用于增强鱼、虾、蟹、鳖、畜禽等动物的机体免疫功能，调节和提高机体抗病、修复功能，提高抗应激能力，促进生长
9	板黄散	主要成分：板蓝根、大黄。用于清热解毒、保肝利胆。主治水产动物肝胆综合征，见于肝脾肿大、花肝、绿肝、白肝、腹水、肝坏死及由此继发感染引起的烂鳃、肠炎、赤皮病、出血、溃疡等综合征等
10	苦参末	主要成分：苦参。用于清热燥湿、驱虫杀虫。主治鱼类车轮虫、指环虫、三代虫等寄生虫病以及细菌性肠炎、出血性败血症
11	驱虫散	主要成分：南鹤虱、使君子、槟榔、芜荑、雷丸等。用于驱虫，能有效防控水产养殖中的由孢子虫、指环虫、三代虫、车轮虫、斜管虫、锚头鳋、纤毛虫、碘孢虫、肤孢虫、粘体虫、艾美球虫等引起的寄生虫病。安全无毒，不伤水产动物，不影响摄食和生长，不污染水质，无药效残留
12	川楝陈皮散	主要成分：川楝子、陈皮、柴胡。用于驱虫、消食。主治绦虫病、线虫病
13	百部贯众散	主要成分：百部、绵马贯众、樟脑、苦参和食盐。用于杀虫、止血。主治黏孢子虫病
14	雷丸槟榔散	主要成分：槟榔、雷丸、木香、贯众等。用于驱虫杀虫。主治鱼类体内、体表寄生虫病，如孢子虫病、车轮虫病、指环虫病、中华鳋病、锚头蚤病等

第五节　常用促生长、免疫增强药物

促生长药物能够增强水产动物食欲，提高饲料转化率，加快生长速度，缩短养殖周期等作用。水产养殖常用的促生长、免疫增强药物见表5-5。

表5-5　水产养殖常用的促生长、免疫增强药物

序号	名称	主要成分与主要功能
1	甜菜碱	主要成分为甜菜碱，为复合型诱食剂，对水产动物具有强烈的诱食作用。可改善饲料的适口性，增加摄食量；减少饲料消耗，降低饵料系数。促进脂肪和碳水化合物的代谢，提高生长速度。减少脂肪在肝脏过度积累，起到保肝作用
2	氨基酸电解质多维（营养快线）	主要成分：维生素A、维生素E、维生素B_1、维生素B_2、维生素B_6、维生素B_{12}、维生素C、烟酰胺、泛酸钙、叶酸、蛋氨酸、氯化钾、葡萄糖（载体）。用于全面补充营养，提高饲料利用效率。加快组织代谢，促进废物排出。保持机体平衡，适应环境变化。提高摄食水平，促进动物生长
3	水产诱食酵母	主要成分：啤酒酵母粉。主要用于虾蟹、海淡水鱼苗等的开口料及饲料，用来取代单胞藻、轮虫、虾片、豆浆等，效果明显。对水产动物具有较好的诱食及消化作用，能提高饲料的适口性及消化率。富含B族维生素及蛋白质，可以补充水产动物体内的维生素B及蛋白质
4	大蒜粉	主要成分：天然大蒜粉。是天然的大蒜经干燥粉碎制成，富含维生素C、维生素B_5、磷、钙、铁等营养物质，且刺激性小，适口性好，无副作用，无污染，无残留。能增强水产动物的食欲，促进消化，增加维生素B_1的吸收率，具有明显的诱食、促生长效果，并能改善动物肉质品味
5	低聚糖	主要成分：甘露寡糖、啤酒酵母粉（载体）。促进有益菌的繁殖。促进机体生长，降低了肝脏的解毒负担。增强免疫力，能增加机体免疫细胞的数量并提高其免疫活性。减少粪便臭味，改善养殖环境
6	超维C	主要成分：维生素C、淀粉（载体）。维生素C是合成胶原蛋白和黏多糖等细胞间质的必需物质，促进细胞生长。维生素C具有强的抗氧化性，起到调节免疫和解毒的功能。维生素C参与酪氨酸代谢及肾上腺皮质激素的合成等，是体内代谢不可缺少的成分。维生素C具有诱食，抗应激等功能
7	维生素K_3	主要成分：亚硫酸氢钠甲萘醌。用于辅助治疗鱼、鳗、鳖等水产养殖动物的出血病、败血症

第六节　常用微生物制剂

微生物制剂在水产养殖中用途广泛，既可用于调节改善水质、预防水产疾病，又可作为饵料添加剂，还可用来净化养殖废水。应用微生物制剂具有成本

低、收效好、无二次污染等优点，符合渔业绿色发展方向，前景广、潜力大，经济效益、社会效益广泛。水产养殖常用的微生物制剂如表 5-6 所示。

表 5-6　水产养殖常用微生物制剂

序号	名称	主要功能
1	乳酸菌	可以抑制有害菌的繁殖，调整肠道内环境，具有提高动物健康水平，提供营养，促进营养物质的吸收，增强鱼体免疫力等作用
2	酵母菌	富含蛋白质、维生素、生长因子等营养物质。具有促进生长，提高水产饲料的利用率，增强水产动物的免疫力、抗病力等作用
3	光合细菌	能快速降解水中氨氮、亚硝酸盐和硫化氢等有害物质，调节 pH 值；有效分解水中残饵、粪便、动植物尸体等有机物。可促进有益藻类的繁殖生长，维持藻相平衡，防止有害藻类过度繁殖
4	芽孢杆菌	可以净化养殖水体环境，芽孢杆菌产生的氨基氧化酶可降低血液及水体中氨氮、亚硝酸盐、硫化氢的浓度；可以降解饲料中的某些抗营养因子，提高饲料转化率。在肠道内繁殖，可以产生维生素、氨基酸、未知生长因子等营养物质，促进水产类动物生长
5	EM 菌	是以光合细菌、乳酸菌、酵母菌和放线菌为主的 10 个属 80 种微生物复合而成的一种微生物菌制剂。能稳定和改善水质、促进鱼虾生长、减少病原微生物和不良藻类生长

第七节　淡水鱼常用免疫制剂

随着水产养殖业高密度、规模化、集约化高速发展，水产养殖疾病已成为产业健康可持续发展的重大挑战。鱼类接种疫苗既可防控水产病害发生、减少产业的经济损失，又可减少或消除由于大量使用抗生素带来的健康危害、生态风险和水产品食品安全等问题，从而支撑水产养殖业健康、绿色发展。当前淡水鱼养殖常用的免疫制剂见表 5-7。

表 5-7　淡水鱼常用免疫制剂

序号	名称	主要功能
1	草鱼出血病灭活疫苗	对草鱼出血病具有较好的免疫保护作用，接种后鱼的相对存活率可达到 77.1% ± 10.8%
2	草鱼出血病活疫苗	接种后鱼的相对存活率达到 80%
3	嗜水气单胞菌败血症灭活疫苗	可有效预防鲢、鲫、鳙等其他鱼类嗜水气单胞菌败血症的暴发和流行
4	鱼虹彩病毒病灭活疫苗	用于预防鳜传染性脾肾坏死病，接种后相对免疫保护率可达到 90% 以上

附　　录

水产养殖用药明白纸〔2022 年 1 号〕

水产养殖食用动物中禁止使用的药品及其他化合物清单

序号	名称	依据
1	酒石酸锑钾（Antimony potassium tartrate）	农业农村部公告第250号
2	β - 兴奋剂（β-agonists）类及其盐、酯	
3	汞制剂：氯化亚汞（甘汞）（Calomel）、醋酸汞（Mercurous acetate）、硝酸亚汞（Mercurous nitrate）、吡啶基醋酸汞（Pyridyl mercurous acetate）	
4	毒杀芬（氯化烯）（Camahechlor）	
5	卡巴氧（Carbadox）及其盐、酯	
6	呋喃丹（克百威）（Carbofuran）	
7	氯霉素（Chloramphenicol）及其盐、酯	
8	杀虫脒（克死螨）（Chlordimeform）	
9	氨苯砜（Dapsone）	
10	硝基呋喃类：呋喃西林（Furacilinum）、呋喃妥因（Furadantin）、呋喃它酮（Furaltadone）、呋喃唑酮（Furazolidone）、呋喃苯烯酸钠（Nifurstyrenate sodium）	
11	林丹（Lindane）	
12	孔雀石绿（Malachite green）	
13	类固醇激素：醋酸美仑孕酮（Melengestrol Acetate）、甲基睾丸酮（Methyltestosterone）、群勃龙（去甲雄三烯醇酮）（Trenbolone）、玉米赤霉醇（Zeranal）	
14	安眠酮（Methaqualone）	
15	硝呋烯腙（Nitrovin）	
16	五氯酚酸钠（Pentachlorophenol sodium）	
17	硝基咪唑类：洛硝达唑（Ronidazole）、替硝唑（Tinidazole）	
18	硝基酚钠（Sodium nitrophenolate）	
19	己二烯雌酚（Dienoestrol）、己烯雌酚（Diethylstilbestrol）、己烷雌酚（Hexoestrol）及其盐、酯	
20	锥虫砷胺（Tryparsamile）	
21	万古霉素（Vancomycin）及其盐、酯	

水产养殖食用动物中停止使用的兽药

序号	名称	依据
1	洛美沙星、培氟沙星、氧氟沙星、诺氟沙星 4 种兽药的原料药的各种盐、酯及其各种制剂	农业农村部公告第 2292 号
2	噬菌蛭弧菌微生物制剂（生物制菌王）	农业农村部公告第 2294 号
3	喹乙醇、氨苯胂酸、洛克沙胂 3 种兽药的原料药及各种制剂	农业农村部公告第 2638 号

《兽药管理条例》第三十九条规定："禁止使用假、劣兽药以及国务院兽医行政管理部门规定禁止使用的药品和其他化合物。"

《兽药管理条例》第四十一条规定："禁止将原料药直接添加到饲料及动物饮用水中或者直接饲喂动物，禁止将人用药品用于动物。"

《农药管理条例》第三十五条规定："严禁使用农药毒鱼、虾、鸟、兽等。"

依据《中华人民共和国农产品质量安全法》《兽药管理条例》等有关规定，地西泮等畜禽用兽药在我国均未经审查批准用于水产动物，在水产养殖过程中不得使用。

鉴别假、劣兽药必知

《兽药管理条例》第四十七条规定：
有下列情形之一的为**假兽药**：
（1）以非兽药冒充兽药或者以他种兽药冒充此种兽药的；
（2）兽药所含成分的种类、名称与兽药国家标准不符合的。
有下列情形之一的，按照假兽药处理：
（1）国务院兽医行政管理部门规定禁止使用的；
（2）依照本条例规定应当经审查批准而未经审查批准即生产、进口的，或者依照本条例规定应当经抽查检验、审查核对而未经抽查检验、审查核对即销售、进口的；
（3）变质的；
（4）被污染的；
（5）所标明的适应证或者功能主治超出规定范围的。

《兽药管理条例》第四十八条规定：
有下列情形之一的为**劣兽药**：
（1）成分含量不符合兽药国家标准或者不标明有效成分的；
（2）不标明或者更改有效期或者超过有效期的；
（3）不标明或者更改产品批号的；
（4）其他不符合兽药国家标准，但不属于假兽药的。

《兽药管理条例》第七十二条规定：
兽药，是指用于预防、治疗、诊断动物疾病或者有目的地调节动物生理机能的物质（含药物饲料添加剂），主要包括：血清制品、疫苗、诊断制品、微生态制品、中药材、中成药、化学药品、抗生素、生化药品、放射性药品及外用杀虫剂、消毒剂等。

建议养殖者不要盲目听信部分药厂的推销和宣传！凡是称其产品为用于预防、治疗、诊断水产养殖动物疾病或者有目的地调节水产养殖动物生理机能的物质，必须有农业农村部核发的兽药产品批准文号（或进口兽药注册证号）和二维码标识。没有批号或未赋二维码的，依法应按照假、劣兽药处理。一旦发现假、劣兽药，应立即向当地农业农村（畜牧兽医）主管部门举报！杜绝购买使用假、劣兽药！

水产养殖用兽药查询方法：可通过中国兽药信息网（www.ivdc.org.cn）"国家兽药基础数据"中"兽药产品批准文号数据"，以及"国家兽药综合查询App"手机软件等方式查询。

苹果版扫描下载　　　　　　　　安卓版扫描下载

水产养殖规范用药"六个不用"

一不用禁用药品
二不用停用兽药
三不用假、劣兽药
四不用原料药
五不用人用药
六不用农药

说明：以上材料仅供参考，涉及的药品和管理规定，以相关法律法规和规范性文件为准。

水产养殖用药明白纸〔2022 年 2 号〕

已批准的水产养殖用兽药（截至 2022 年 9 月 30 日）

序号	名称	依据	休药期
抗生素			
1	甲砜霉素粉 *	A	500 度日
2	氟苯尼考粉 *	A	375 度日
3	氟苯尼考注射液 *	A	375 度日
4	氟甲喹粉 *	B	175 度日
5	恩诺沙星粉（水产用）*	B	500 度日
6	盐酸多西环素粉（水产用）*	B	750 度日
7	维生素 C 磷酸酯镁盐酸环丙沙星预混剂 *	B	500 度日
8	盐酸环丙沙星盐酸小檗碱预混剂 *	B	500 度日
9	硫酸新霉素粉（水产用）*	B	500 度日
10	磺胺间甲氧嘧啶钠粉（水产用）*	B	500 度日
11	复方磺胺嘧啶粉（水产用）*	B	500 度日
12	复方磺胺二甲嘧啶粉（水产用）*	B	500 度日
13	复方磺胺甲噁唑粉（水产用）*	B	500 度日
驱虫和杀虫剂			
14	复方甲苯咪唑粉	A	150 度日
15	甲苯咪唑溶液（水产用）*	B	500 度日
16	地克珠利预混剂（水产用）	B	500 度日
17	阿苯达唑粉（水产用）	B	500 度日
18	吡喹酮预混剂（水产用）	B	500 度日
19	辛硫磷溶液（水产用）*	B	500 度日
20	敌百虫溶液（水产用）*	B	500 度日
21	精制敌百虫粉（水产用）*	B	500 度日
22	盐酸氯苯胍粉（水产用）	B	500 度日
23	氯硝柳胺粉（水产用）	B	500 度日

续表

序号	名称	依据	休药期
24	硫酸锌粉（水产用）	B	未规定
25	硫酸锌三氯异氰脲酸粉（水产用）	B	未规定
26	硫酸铜硫酸亚铁粉（水产用）	B	未规定
27	氰戊菊酯溶液（水产用）*	B	500度日
28	溴氰菊酯溶液（水产用）*	B	500度日
29	高效氯氰菊酯溶液（水产用）*	B	500度日
抗真菌药			
30	复方甲霜灵粉	C2505	240度日
消毒剂			
31	三氯异氰脲酸粉	B	未规定
32	三氯异氰脲酸粉（水产用）	B	未规定
33	浓戊二醛溶液（水产用）	B	未规定
34	稀戊二醛溶液（水产用）	B	未规定
35	戊二醛苯扎溴铵溶液（水产用）	B	未规定
36	次氯酸钠溶液（水产用）	B	未规定
37	过碳酸钠（水产用）	B	未规定
38	过硼酸钠粉（水产用）	B	0度日
39	过氧化钙粉（水产用）	B	未规定
40	过氧化氢溶液（水产用）	B	未规定
41	含氯石灰（水产用）	B	未规定
42	苯扎溴铵溶液（水产用）	B	未规定
43	癸甲溴铵碘复合溶液	B	未规定
44	高碘酸钠溶液（水产用）	B	未规定
45	蛋氨酸碘粉	B	虾0日
46	蛋氨酸碘溶液	B	鱼虾0日
47	硫代硫酸钠粉（水产用）	B	未规定
48	硫酸铝钾粉（水产用）	B	未规定

续表

序号	名称	依据	休药期
49	碘附（Ⅰ）	B	未规定
50	复合碘溶液（水产用）	B	未规定
51	溴氯海因粉（水产用）	B	未规定
52	聚维酮碘溶液（Ⅱ）	B	未规定
53	聚维酮碘溶液（水产用）	B	500度日
54	复合亚氯酸钠粉	C2236	0度日
55	过硫酸氢钾复合物粉	C2357	未规定
中药材和中成药			
56	大黄末	A	未规定
57	大黄芩鱼散	A	未规定
58	虾蟹脱壳促长散	A	未规定
59	穿梅三黄散	A	未规定
60	蚌毒灵散	A	未规定
61	七味板蓝根散	B	未规定
62	大黄末（水产用）	B	未规定
63	大黄解毒散	B	未规定
64	大黄芩蓝散	B	未规定
65	大黄侧柏叶合剂	B	未规定
66	大黄五倍子散	B	未规定
67	三黄散（水产用）	B	未规定
68	山青五黄散	B	未规定
69	川楝陈皮散	B	未规定
70	六味地黄散（水产用）	B	未规定
71	六味黄龙散	B	未规定
72	双黄白头翁散	B	未规定
73	双黄苦参散	B	未规定
74	五倍子末	B	未规定

续表

序号	名称	依据	休药期
75	石知散（水产用）	B	未规定
76	龙胆泻肝散（水产用）	B	未规定
77	加减消黄散（水产用）	B	未规定
78	百部贯众散	B	未规定
79	地锦草末	B	未规定
80	地锦鹤草散	B	未规定
81	芪参散	B	未规定
82	驱虫散（水产用）	B	未规定
83	苍术香连散（水产用）	B	未规定
84	扶正解毒散（水产用）	B	未规定
85	肝胆利康散	B	未规定
86	连翘解毒散	B	未规定
87	板黄散	B	未规定
88	板蓝根末	B	未规定
89	板蓝根大黄散	B	未规定
90	青莲散	B	未规定
91	青连白贯散	B	未规定
92	青板黄柏散	B	未规定
93	苦参末	B	未规定
94	虎黄合剂	B	未规定
95	虾康颗粒	B	未规定
96	柴黄益肝散	B	未规定
97	根莲解毒散	B	未规定
98	清健散	B	未规定
99	清热散（水产用）	B	未规定
100	脱壳促长散	B	未规定
101	黄连解毒散（水产用）	B	未规定

续表

序号	名称	依据	休药期
102	黄芪多糖粉	B	未规定
103	银翘板蓝根散	B	未规定
104	雷丸槟榔散	B	未规定
105	蒲甘散	B	未规定
106	博落回散	C2374	未规定
107	银黄可溶性粉	C2415	未规定
生物制品			
108	草鱼出血病灭活疫苗	A	未规定
109	草鱼出血病活疫苗（GCHV–892 株）	B	未规定
110	牙鲆鱼溶藻弧菌、鳗弧菌、迟缓爱德华菌病多联抗独特型抗体疫苗	B	未规定
111	嗜水气单胞菌败血症灭活疫苗	B	未规定
112	鱼虹彩病毒病灭活疫苗	C2152	未规定
113	大菱鲆迟钝爱德华氏菌活疫苗（EIBAV1 株）	C2270	未规定
114	大菱鲆鳗弧菌基因工程活疫苗（MVAV6203 株）	D158	未规定
115	鳜传染性脾肾坏死病灭活疫苗（NH0618 株）	D253	未规定
维生素类			
116	亚硫酸氢钠甲萘醌粉（水产用）	B	未规定
117	维生素 C 钠粉（水产用）	B	未规定
激素类			
118	注射用促黄体素释放激素 A_2	B	未规定
119	注射用促黄体素释放激素 A_3	B	未规定
120	注射用复方鲑鱼促性腺激素释放激素类似物	B	未规定
121	注射用复方绒促性素 A 型（水产用）	B	未规定
122	注射用复方绒促性素 B 型（水产用）	B	未规定
123	注射用绒促性素（I）	B	未规定

续表

序号	名称	依据	休药期
124	鲑鱼促性腺激素释放激素类似物	D520	未规定
	其他类		
125	多潘立酮注射液	B	未规定
126	盐酸甜菜碱预混剂（水产用）	B	0 度日

说明：1. 对 2020 年版进行修订，抗菌药中增补"盐酸环丙沙星盐酸小檗碱预混剂"，中草药中剔除"五味常青颗粒"，激素类中新增"鲑鱼促性腺激素释放激素类似物"。

2. 本宣传材料仅供参考，已批准的兽药名称、用法用量和休药期，以兽药典、药质量标准和相关公告为准。

3. 代码解释，A：兽药典 2020 年版，B：兽药质量标准 2017 年版，C：农业部公告，D: 农业农村部公告。

4. 休药期中"度日"是指水温与停药天数乘积，如某种兽药休药期为 500 度日，当水温 25 摄氏度，至少需停药 20 日以上，即 25 摄氏度 × 20 日 =500 度日。

5. 水产养殖生产者应依法做好用药记录，使用有休药期规定的兽药必须遵守休药期。

6. 带 * 的为兽用处方药，需凭借执业兽医开具的处方购买和使用。

7. 如需了解每种兽药的详细信息，请扫描二维码查看。